淡海《おうみ》文庫 51

サンライズ出版

湖面の光　湖水の命

〈物語〉琵琶湖総合開発事業

高崎　哲郎　著

はじめに

豊饒《ほうじょう》の湖水・琵琶湖の総合開発――水社会共同体の誕生――

琵琶湖は日本最大の湖である。海抜八三・六メートル、湖面積六七〇・二五平方キロ、滋賀県の六分の一を占め、淡水湖では世界で一二九番目である。同時に琵琶湖は近畿地方の一四〇〇万人の水道水源池でもあり、一つの湖としての給水人口としては世界有数の湖といえる。京阪神地域は琵琶湖の豊潤な水の恩恵を受け続けているのである。

現在までに報告された同湖の一〇〇〇種余りの水生動植物の種類のうち六一種類が貴重な固有種（亜種・変種も含む）である。歴史的に見ても、大津宮《おおつのみや》が琵琶湖のほとりに造成されたのをはじめ、最澄による比叡山延暦寺や織田信長による安土城の構築がよく知られている。彦根、長浜、近江八幡は城下町で、門前町や宿場町として栄えた地域も少なくない。

琵琶湖総合開発事業は、関西経済のさらなる発展を図るために、琵琶湖の自然と水質の保全を図りつつ豊饒な水を有効に利用することを目指し（京阪神地域・下流の要求）、一方では巨大な貯水能力を生かして洪水災害を軽減し漁業を安定化すること（滋賀県・水源地の要求）が第一義と考えられた。さらには経済的に後進県に甘んじていた滋賀県の地域や環境の整備を目指し、「近畿は一つ」との認識のもとに、長年に及ぶ上下流の感情的対立を克服して、琵琶湖・淀川で結び「水社会共同体」意識に立脚して立案された。

「近畿は一つ」の考えが即ち「均霑《きんてん》」の思想である。「均霑」は琵琶湖開発事業が終局を迎えた際、上下流の関係自治体が確執を乗り越えて到達した根本精神である（均霑は、元来は生物が等しく雨露の恵みにうるおうように、各人が平等に利益を得ることを意味する）。

この壮大な事業が完結するまでの道は決して平坦ではなかった。地元滋賀県が特別立法を要求し、政府がその要求を受け入れ、かつてない水資源開発として計画された。水源地の滋賀県が県内の市町村や下流の大阪府や兵庫県などと調整して当初一〇年の工期で計画案を作成し、これを受けて政府によって総合計画が決定された。具体的には、琵琶湖の①水質と自然環境の保全を図り、②洪水・渇水被害を軽減し、③水資源開発を進め、④流域の地域開発を目指したのである。戦後日本の湖沼開発の「パイオニアワーク」とされる。

そのうち基幹事業である琵琶湖開発事業については、水資源開発公団（現水資源機構）が工事全般を担当した。政府の二度もの工期延長との判断は、滋賀県の強い要請があったとはいえ異例中の異例であり、二五年（四半世紀）をかけ総事業費一兆八六三五億六〇〇〇万円の巨費を投入して挑んだ空前の〈世紀の大プロジェクト〉であった。

この間、昭和六四年（一九八九）三月「びわ湖訴訟」が一一年間の長い裁判を終結した。被告（国、水資源開発公団、滋賀県、大阪府など）の全面勝訴であった。水質汚濁など環境破壊も進んだが、県民参加の先進的な取り組みで被害の拡大は抑えられた。同事業は当初の目的通り、日本一の湖・琵琶湖の洪水対策や水資源確保はもとより生態系や水質の保護・保全にも成果をあげたと言える。今日、淀川水系の上下流の地域はその恩恵に浴している。

私は原稿執筆に際して琵琶湖畔を時間の許す限り訪ねてみた。それまで琵琶湖には全くと言っていいほど縁がなかったからである（琵琶湖が河川法上は淀川水系の「一級河川」であることを知った）。東西南北の湖畔を訪ね、光り輝く湖面の向うになびくたおやかな山々を見つめるたびに、私の心はなごんでいった。時々刻々姿を変える琵琶湖に「水と光の織りなす交響詩」の感銘を深くすることもたびたびであった。

私は琵琶湖を描いた歴史書や文学書はもとより、琵琶湖の生態系や水質などをテーマにした図書や学術論文にも目を通した。史料を読みかつ名所旧跡を歩き、湖畔や山野を歩きかつ神社仏閣にたたずむうちに、私は琵琶湖の尽きない魅力に取りつかれていった。琵琶湖は、古来日本独自の言語芸術である俳句や短歌に詠《うた》われてきた。

琵琶湖畔には宗教芸術の大作や傑作も少なくない。平成二四年秋、東京・日本橋の三井記念美術館で「〈特別展〉琵琶湖をめぐる近江路の神と仏　名宝展」が開催された。出品されたのは延暦寺、園城寺《おんじょうじ》、石山寺など四二の古社寺からの国宝・重文六二点を含む秘仏、名宝、仏画、経典計一〇〇点である。初公開の仏像などもあった。感銘を深くしたのは、不動明王像（延暦寺、重文、平安時代）、薬師寺如来坐像（西教寺、重文、鎌倉時代）、千手観音立像（葛川《かつらがわ》明王院、重文、平安時代）、大日如来坐像（石山寺、重文、快慶作、鎌倉時代）、地蔵菩薩立像（長命寺、重文、鎌倉時代）などでいずれも絶品である。歴史の時空を超えて湖畔の信仰を支えてきた秘仏の端正さと質朴さに打たれた。

私は、各章の最後に「歴史・文学そぞろ歩き～琵琶湖編～」と題して琵琶湖の魅力のうち歴史や文学に焦点をあてて描いてみた。紙面の制限などで、私を魅了してやまない同湖がはぐくんだ風情のほんの一部しか表現できなかったことが心残りである。琵琶湖は文明史の上でも「日本を代表する湖」である。

目次

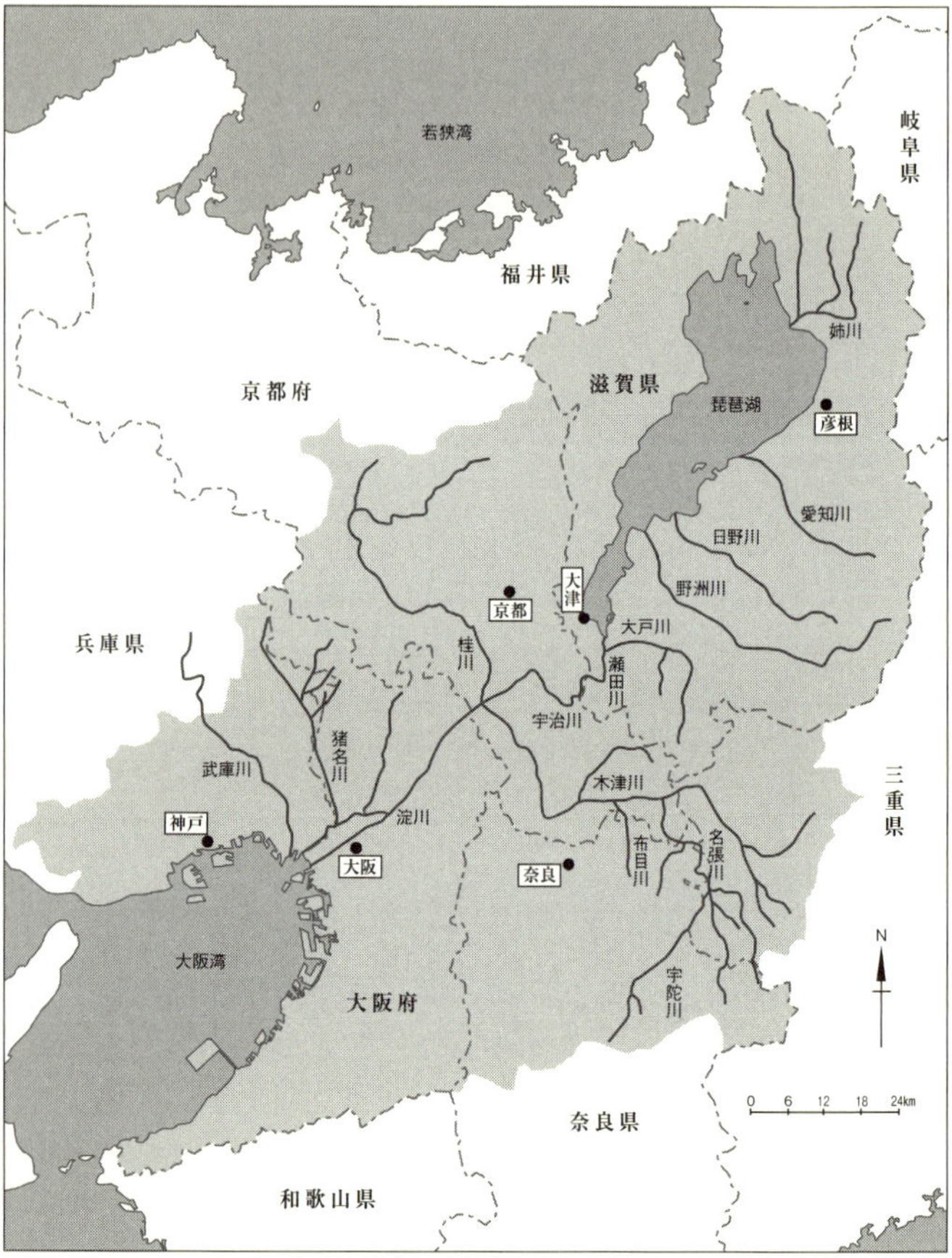
若狭湾
岐阜県
福井県
姉川
滋賀県
京都府
琵琶湖
彦根
愛知川
日野川
大津
京都
野洲川
大戸川
兵庫県
桂川
瀬田川
宇治川
猪名川
武庫川
三重県
木津川
淀川
神戸
大阪
奈良
布目川
名張川
大阪湾
宇陀川
大阪府
N
0
6
12
18
24km
奈良県
和歌山県

淀川水系流域図

第1話

〈序章《プロローグ》〉「戦場」を乗り越えて

~二五年・一兆九〇〇〇億円の大型プロジェクト、終幕を迎える~

仲間だけの竣工《しゅんこう》式

早春の琵琶湖は、やわらかな風が鏡のような湖面をわたり、波浪があたかも深呼吸を繰り返すように緩《ゆる》やかにうねっている。西の比良《ひら》山系や東の伊吹山系の山腹に、まだら模様になって残っていた純白の根雪も溶け始めている。三角帽子のような三上山《みかみやま》(近江富士《おうみふじ》)はおぼろにかすんでいる。湖岸の桜並木は開花待ち遠しいかのようにつぼみをふくらませ、湖南の早咲きの桜は満開である。

平成四年(一九九二)三月一四日は土曜日であった。花曇りのような穏やかな日和《ひより》となった。この日午後二時から、琵琶湖の湖岸に面した大津プリンスホテルの大ホールを会場に、

琵琶湖畔、海津大崎の桜（水資源機構資料）

「琵琶湖開発事業説明会」が開催される。「説明会」は水資源開発公団㈷水資源機構）独自の主催で挙行されるのである。参加者は、工事に携わった公団の職員と職員ＯＢに限られていた。身内だけの完成祝賀会であることから「事業説明会」と銘打ったのであった。それは「戦場」を乗り越えた戦士たちの集い。最後の時間との激戦を闘い抜いた職員の「戦勝祝勝会」にも似た会合であった。ＯＢも含め五四〇人が参加の意向を示した。

琵琶湖総合開発事業は、滋賀県が県内の市町村や関係府県と調整して当初一〇年の工期で計画案を作成し、政府によって決定されたもので、そのうち主要な「琵琶湖開発事業」については水資源開発公団が工事を実施した。その後二度の工期延長をし、二五年（四半世紀）をかけ総事業費一兆八六三五億六〇〇〇万円を費やして挑んだ空前の〈世紀の大プロジェクト〉であった。この間事業の中止を求める訴訟（「びわ湖訴訟」）も提起された。年度末のこの三月三一日で超ロングランとなった琵琶湖総合開発事業のうち、基幹事業である「琵琶湖開発事業」に一足先に終止符が打たれるのである。最終局面を迎えた大事業は、一〇〇人を超える職員の総合戦力による夜を日に継ぐ作業で大方完了した。だが一部の工事や手続きは、山場は越えたものの綱渡りのような業務が続いていた。残された時間は二週間余りである。

「事業説明会」を企画したのは、同公団琵琶湖開発事業建設部長永末博幸である。三月末の完成を目指して懸命の努力を続けてきた職場の仲間は竣工式（完成式）を待たずに全国に散っていく。しかも秋にも予定されている竣工式に出席できるかどうかも不明であった。琵琶湖開発事業の竣工式に招待すべき関係者は公団職員を除いても二〇〇〇人は下らない。滋賀県内には二〇〇〇人も受け入れる会場はなかった。そんなことを考えると、建設部長永末は三月末までには、是が非でも仲間だけの竣工式を開きたかった。それが第八代で最後の建設部長の責務であると考えた。本社の担当理事に内密に相談したところ、建設省（現国土交通省）や地元滋賀県などに気遣《きづか》って「止めておけ」との判断だった。滋賀県は「公団事業三月末終了」を認めていなかった。このため建設省近畿地方建設局（以下近畿地建）は日夜滋賀県当局と最終折衝を続けていた。国と県との厳しいしのぎ合いを考えると、内輪だけとはいえ竣工式を開きたいとはとても口に出せる状況ではなかった。

だが公団が事業を継承してから二〇年、四月から管理段階に入ることになるというのに、何もしないで終わるとは、建設部長永末には耐えがたかった。

「何らかのけじめを付けたい。最後の部長として先輩や同僚らに心からお礼をいいたい」

そこで永末はあるアイディアを思いついた。琵琶湖事業に携わった職員らにより「びわ湖会」が平成元年（一九八九）に発足したが、その第二回総会を「事業説明会」と称して仲間だけの竣工式にしたいと考えた。建設省や滋賀県には伝えずに内々に準備をしたのであった。この間、肝を冷やすような波乱も続いた。

◆

「えらいことになった。滋賀県農林部が公団事業の三月末完成に同意しないといっている」

三月半ば、同公団琵琶湖開発事業建設部長永末は、近畿地建河川部長紀陸《きりく》富信から緊急の電話連絡を受けた。「懸案の水利権のことらしい」と読んだ永末は、早速大津市内の県庁に足を運んだ。農林部では部長豊田卓司を中心に打合せ中であった。部長豊田は永末を見るなり、つかつかと寄ってきた。

「琵琶湖開発による下流府県の水利権は四月一日に交付するらしいが、滋賀県内の農水水利権は認められないと建設省河川局は言っている。そういうことになれば、県としては公団事業の三月末完成は認められない。私（農林部長豊田）はこの三月末で退職することになっているが、これでは辞めるに辞められない、公団も応援して欲しい」

部長豊田の顔は青ざめ悲壮感が漂っていた。永末には青天の霹靂《へきれき》であった。公団としては、三月末での事業完成が滋賀県側に了解されないとしたら、これまで積み重ねてきた血を吐くような努力がすべて水泡《すいほう》に帰すことになる。近畿地建もまた同様の衝撃を受けることになる。

公団事業の平成三年度末（四年三月末）完成を滋賀県が了承できるよう、建設省首脳部は滋賀県の要望を聞き、問題点すべてを克服し得る積りでいた。そこに、突然の予期せぬ大問題の発生である。永末は、滋賀県当局も公団事業完成を認知するにあたっての課題として見落としていたのではないかと疑念を抱いた。

農業水利権問題は、一〇年以上も前から建設省と農水省との間で、慣行農水水利権の法定化にあたっての論争が続いた。全国的な問題として解決の見通しが立っていなかった。いわゆる「総量表示」の問題である。当時全国的な水不足が蔓延化し、ダム建設による水源手当など緊急を要する課題が山積していた。しかしダム計画における難問は慣行水利権で処理されていた農業用水にあった。農業用水の取り扱い如何《いかん》では建設省のダム計画は成り立たなかった。河川管理者（建設省）としての立場は、農業用水の取水実態は降雨の時には取水しなくてもよいとの特徴があるため、瞬間の最大値表示だけでは水利権内容が明確ではない。従って、最大値表示の他、農業用水として必要な年間取水量の総量を表示すべきであり、表示しない水利権は認められないという河川管理者の方針が示された。

これに対し農水省は、農水は単に稲の生育のためだけではなく、永年にわたり地域の生活に密着した用水として成熟している。総量表示ではこれら用水に支障を来すので納得できないと主張し、折り合いのつかないまま時間が経過していた。琵琶湖周辺の農業用水についても同様であった。この際「総量表示」なしで認めよということである。

実は、この問題に対する近畿地建の意向としては、以前から琵琶湖周辺の水は農業用水として使用しても必ず琵琶湖に戻ってくるという他の地域とは違う特異性を持っているので、琵琶湖周辺に限っては原則として「総量表示」はしなくても良いのではないかと本省に主張していた。だが本省が認めないので、県には「総量表示」が必要だと突っぱねていた経緯もあった。この問題が急遽浮上したのである。

公団としては、解決しようのない問題である。ただただ両者のパイプ役的立場と三月末完成の方向で解決して欲しいという立場をとるしかなかった。

永末は、大阪市官庁街の近畿地建へ出向く車中、電話で問題の早期解決を河川部長紀陸に願い近畿地建に急いだ。

彼が河川部長室に入ったときには午後五時を回っていた。

「いやーよかった。解決したよ」

部長紀陸は永末の姿を見るなり、満面の笑顔で話しかけてきた。

「取りあえず乾杯しよう」

紀陸は部下に缶ビール二本を持ってこさせ、紀陸と永末は二人だけで声を張り上げて乾杯した。その後の情報で、建設省河川局は当初結論を出し渋ったことが分かった。下流水利権交付と同じ日に滋賀県内利水についても水利権を交付するという早期決着に踏み込んだ背景には、近畿地建局長定道成美《さだみちしげみ》と河川局長近藤徹（元水資源機構理事長・元公団総裁）との電話協議の結果、河川局長近藤から「速やかな解決策を求める」との英断があったことが分かった。公団としては満足がいく解決であり、永末は胸をなでおろした。後日、永末が県庁に出かけると、部長豊田は退職辞令を持って笑顔を作りながら挨拶回りをしていた。

◆

滋賀県知事からの感謝のメッセージ

事業説明会の壇上高く、「琵琶湖開発事業説明会」の横断幕とともに国旗（日の丸）と水資源開発公団の社旗が掲げられ、壇上には金色に輝く屏風が配置された。「事業説明会」は、定刻通り午後二時から元建設部次長小川幸雄（事務職）の司会で始まり「皆様お一人お一人が琵琶湖開発の歴史である」と語りかけた。次いで職務中に過労などで倒れ他界した元同僚八人の死を悼んで全員起立し会場の照明を暗くして一分間の黙とうがささげられた。「びわ湖会」総会の議事があった後、次長森田明（事務職）から事業説明会を開催することになった経緯が紹介された。続いて副総裁鴻巣《こうのす》健治と関西支社長植村忠嗣が入場して事業説明会となった。

まず水資源開発公団総裁川本正知に代わって副総裁鴻巣が表彰状を読み上げた。

「　　表彰状

　琵琶湖開発事業建設部殿

右は琵琶湖開発事業の施行に当り

職員一同一致協力し長年にわたり

幾多の困難を克服して工事の推進

に努力し所期の目的を達成しました

よってここにその業績をたたえ
表彰します
平成四年三月十四日
水資源開発公団
総裁　川本正知㊞
」

表彰状（水資源開発公団（当時）刊『さざなみ』より）

表彰状が部長永末博幸に授与された。彼は表彰状を会場に向けて高く掲げた。会場から万雷の拍手が沸き起こった。永末の眼に光るものがあった。

副総裁鴻巣は挨拶のなかで、「筆舌に尽くし難い苦労と努力に対して心から感謝したい」とねぎらいの言葉を述べた後、大事業における「一《いち》期《ご》一《いち》会《え》」の重要さを強調した。そして舟橋聖一『花の生涯』（大老井伊直弼《なおすけ》伝、〈我が歴史・文学そぞろ歩き〉参照）から文章を引用した。直弼が桜田門外の変で暗殺される雪の朝に茶室で独り時を過ごす情景を語り、「（直弼の）

一期一会はその著『茶湯一会集』に詳しい。曰く『そもそも茶の湯の交会は、一期一会と云いて、たとえば幾度、おなじ主客と交会するとも、今日の会に、ふたたびかえらざる事を思えば、実に我が一世一度の会《え》なり。去るにより、主人は万事に、心を配り、聊《いささ》かも粗末なきよう、深切、実意を尽し、客にも、此《こ》の会に、又逢いがたきをことをわきまえ、亭主の趣向は一つもおろそかならぬを感心し、実意を以て、交るべきなり。これを一期一会という……』(原文のママ)」

会場は静寂な雰囲気に包まれた。建設部長永末博幸が建設部を代表して挨拶した。

「琵琶湖建設部の事務所がある皇子山《おうじやま》の早咲きの桜・ハツミヨザクラはいま満開です。今日はまた湖国の春を告げる〈琵琶湖開き〉の日でもあります。この佳《よ》き日に副総裁をお迎えし、表彰状を頂いたことは我々現場で働く職員にとって望外の幸せであります。公団の事業完成を祝い表彰状を頂くのは公団始まって以来のことと感激しております……」

永末は胸に込みあげる熱塊を抑えるように言葉を区切って語った。次いで琵琶湖開発事業経過報告が建設部次長福間敏夫(技術職)によって行われた。

ここで参加者の多くが予想しなかったことが起きた。滋賀県知事稲葉稔からのメッセージが建設部次長森田明(事務職)から披露されたのである。知事自身は自ら出席してメッセージを朗読したいと願った。だが「事業説明会」は公団職員やOBのみの会合にしたいとの公団の意向を受けて出席を断念したのであった。県庁生《は》え抜きの老練な知事は、公団に出向している滋賀県職員から「事業説明会」開催の情報を得たのだった。

「昭和四十八年三月に、水資源開発公団が建設省から琵琶湖開発事業を継承されてから二十年の歳月を経て、ここに事業が概成《がいせい》したことを心からお喜び申し上げます。

山地におけるダム開発とは異なり、湖のまわりに百万余の県民が琵琶湖と密接な関係を保ちながら生活をしている訳でありますから、琵琶湖が未だ経験したことのない水位変動を伴う水資源開発でありますだけに、本工事や補償対策の実施に当たり、さぞ御苦労いただいたことと存じます。

全国から選抜された皆さんが、ここ大津に結集されて琵琶湖開発事業建設部を設置し、この日本一の湖の開発に取り組まれることになった時、〝びわ湖とは何ぞや〟というところまで議論がなされ、琵琶湖開発事業施行の基本方針が策定された当時の話を思い出し琵琶湖総合開発二十年の感慨一入《ひとしお》であります」

「去る一月三十日、代表的施設である湖岸堤管理用道路の完成式に出席いたしましたが、立派に完成した湖岸堤により、長年、洪水や浸水被害を受けてきた琵琶湖周辺住民の悩みが解消されることになりましたし、湖岸に明るく開かれた道路によって大変便利になりました。そして何より、琵琶湖が我々県民にとって、より身近なものになったことは、確かであります。

増加維持管理費等、補償対策の面で一部仕事が残っているようでありますが、これら琵琶湖開発事業の結晶を、地域整備事業をやり遂げることによって、琵琶湖総合開発の所期の目的達成に繋げていきたいと決意を新たにしております。

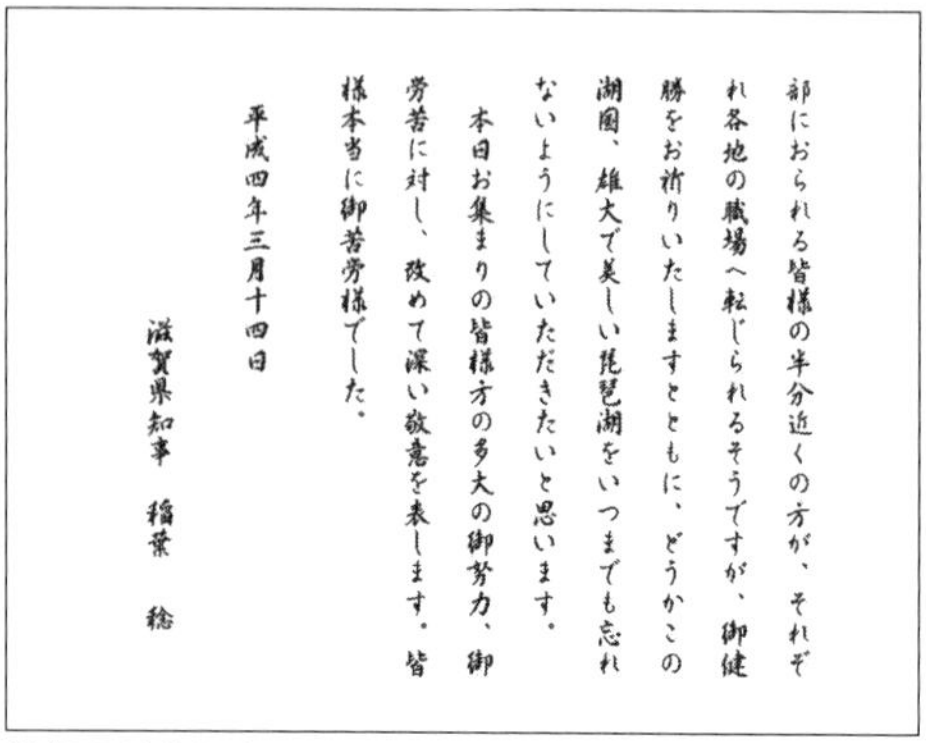
部におられる皆様の半分近くの方が、それぞれ各地の職場へ転じられるそうですが、御健勝をお祈りいたしますとともに、どうかこの湖国、雄大で美しい琵琶湖をいつまでも忘れないようにしていただきたいと思います。

本日お集まりの皆様方の多大の御努力、御労苦に対し、改めて深い敬意を表します。皆様本当に御苦労様でした。

平成四年三月十四日

滋賀県知事　稲葉　稔

滋賀県稲葉知事のメッセージ(最終部分、永末博幸氏提供)

と同時に、母なる湖である琵琶湖を、琵琶湖らしさにあふれ、うるおいとやすらぎが感じられる琵琶湖にするためにはどうしたらよいのか、そのあり方を求め、可能なものから実施していきたいと考えております。

お聞きするところによりますと、現在建設部におられる皆様の半分近くの方が、それぞれ各地の職場へ転じられるそうですが、御健勝をお祈りいたしますとともに、どうかこの湖国、雄大で美しい琵琶湖をいつまでも忘れないようにしていただきたいと思います。

琵琶湖開発事業説明会(大津プリンスホテル、水資源開発公団〈当時〉刊『さざなみ』より)

本日お集まりの皆様方の多大の御努力、御苦労に対し、改めて深い敬意を表します。皆様本当に御苦労さまでした。

平成四年三月十四日

滋賀県知事　稲葉　稔」

代読する次長森田は感激が胸に込み上げ時々言葉を詰まらせた。事業続行を強く求める滋賀県側の姿勢に接している部長永末ら琵琶湖開発事業建設部の職員は、万感胸に迫り涙を流さない者はなかった。会場からすすり泣きが聞こえた。

「説明会」は、壇上の三つの酒樽の鏡割《かがみわ》りに続いて、参加者全員による「乾杯！」の大唱和が大ホールに響いた。さらに参加者全員で「琵琶湖周航の歌」（小口太郎作詞、吉田千秋作曲）を大合唱し、宴《うたげ》はたけなわとなった。

一、われは湖《うみ》の子　さすらいの
旅にしあれば　しみじみと
昇る狭霧《さぎり》や　さざなみの
志賀の都よ　いざさらば

二、松は緑に　砂白き
雄松《おまつ》が里の　乙女子《おとめご》は
赤い椿《つばき》の　森陰に
はかない恋に　泣くとかや……

参加者全員がこれまでの苦労が吹き飛ぶ思いだった。事業説明会は最後に万歳三唱をして閉会となった。琵琶湖の湖面は夕日に輝いていた。

◆

一〇日後の三月二四日朝、大阪府知事中川和雄は水資源監（水資源担当最高幹部）大槻均《おおつきひとし》に同行を求めて公用車で滋賀県庁に向かった。大阪府庁内には、知事は母方の墓参りに滋賀県に出向くと伝えておいたが、それはカモフラージュであった。

滋賀県庁三階の知事室には、知事稲葉稔と県議会議長らが待っていた。

「もう比叡おろしは吹きましたか」

中川は知事室に入るなり笑顔を作って語りかけた。

「いやあ、まだですよ。もうちょっと経てば吹くでしょうね」

普段は笑顔を見せない稲葉も表情をほころばせて応じ、県議会議長らも笑みをもらした。下流の大阪府・兵庫県と上流（水源地）の滋賀県の水利権をめぐる長年の対立は一応解決し、新年度がスタートする四月一日より琵琶湖から新規利水供給の開始（毎秒四〇立方メートル、「水出し」とも呼ばれる）がなされ、正式に安定的な水利権が付与されることになった（毎秒四〇立方メートルの利水供給は国内では破格の水量だった）。

参考文献：『淡海《おうみ》よ永遠に』（建設省〔現国交省〕琵琶湖工事事務所、水資源開発公団〔現水資源機構〕琵琶湖開発事業建設部）、『淀川百年史』（近畿地方建設局）、『滋賀県史　昭和編』、『大阪府の水資源開発』（大阪府水資源総合対策本部）、『水戦争　琵琶湖現代史』（池見哲司）、永末博幸氏資料、大槻均氏資料、清水昭邦氏資料、京都新聞関連記事など

舟橋聖一『花の生涯』

琵琶湖畔を歩いている時、最初に思い出された文学作品は舟橋聖一『花の生涯』(新潮文庫)である。幕末の大老井伊直弼《なおすけ》の生涯を描いた浩瀚《こうかん》な歴史小説である。万延元年(一八六〇)三月三日、大老直弼が暗殺(桜田門外の変)される節句(雛祭り)の日。大雪となった早朝の登城前の大老の姿はしんしんと降る雪のように心にしみわたる。「水戸浪士が命を狙っている」。直弼の元には情報が相次いでもたらされている。暗殺による横死《おうし》をも覚悟した四五歳の大老の心境は清澄《せいちょう》であった。青年時代まで過ごした郷里彦根の城から眺めた春の琵琶の湖《うみ》がまぶたに浮かぶ。

彦根城(現在)

「直弼は（江戸城桜田門に近い彦根藩邸の）居間に戻った。そして、文机の上の、画伯狩野永岳の描く画像に暫く見入った。
それから、硯《すずり》の蓋《ふた》をあけて、

近江の海
磯うつ浪のいくたびか
御世に心を
くだきぬるかな

と、自讃した。
このとき、直弼は、もう一首詠んで、或る人の嘱に依る掛地の讃とした。即ち、

さきがけし　猛き心の
花ふさは
散りてぞ　いと香に
匂ひける

俗に言う虫が知らせたとでも言うのか、恰《あたか》もその日の遭難を予知する如くであるために、却って、この歌のほうが、人の口の端《は》に伝えられた。（中略）
直弼は書院の間へ端坐して、鼓《つづみ》を取るなり、つとめて静かに、そしておもむろに、打ちはじめた。

シテサシ
〽
面白や
頃は弥生の半ばなれば
波もうららに　海のおも
ツレ
〽
霞みわたれる　朝ぼらけ
シテ
〽
のどかに通ふ　船の道

いかようにも心騒ぐ日とて　ここらまで謡ってくると、精神が静まってくるのに、今日はいっかな、胸の浪が高く喘ぐのをとどめる術がなかった。

暫く、鼓のみ打っていた。それからまた、謡い出した。

〽浦にへだて行く程に
竹生島《ちくぶじま》も見えたりや

漸く落ち着いて来た」。

竹生島を望む

第2話

近代琵琶湖の原点

～日本一の湖の光と影～

琵琶湖の水行政

琵琶湖を、天智天皇《てんじ》が見た。柿本人麻呂が見た。最澄が見た。紫式部が見た。木曽義仲が見た。蓮如《れんにょ》が見た。織田信長が見た。ルイス・フロイスが見た。朝鮮通信使が見た。芭蕉が見た。中江藤樹が見た。蕪村が見た。井伊直弼が見た。ロシア皇太子ニコライ（後のニコライ二世）が見た……。

琵琶湖は、面積六七〇・二五平方キロメートル、滋賀県全面積の約六分の一を占め、県のほぼ中央部に位置する。日本を代表する湖である。湖岸延長二三五・二〇キロメートルで大津―浜松間の距離に匹敵する。長軸は南西から北東方向にかけて六三・四九キロメー

琵琶湖と比良山系の冬景色

トル、最大幅は長浜市下坂浜《しもさかはま》から高島市饗庭《あいば》までの二二・八キロメートル、最小幅は琵琶湖大橋付近の一・三五キロメートル。最大深度は竹生島南西の一〇三・五八メートル（日本で一一番目）、平均深度は四一・二メートルである。貯水量は二七五億立方メートル（天ケ瀬《あまがせ》ダムの約一〇〇〇個分）に及び、周辺から七水系三八五の河川が流入する。河川の運搬した砂礫《されき》が堤防の間を埋めて河床が周囲の平野部より一段と高くなった「天井川」も少なくない。

　滋賀県内の河川で県外に出るのは藤古《ふじこ》川（岐阜県へ）、天増《あます》川・寒風《さむかぜ》川・椋《むく》川（福井県へ）、それに瀬田川（京都府・大阪府へ）だけである。このため琵琶湖の流域面積は巨大であり、三八四八平方キロメートルに及び、淀川流域の面積の約五三％を占める。湖の排水河川はただ一つ瀬田

鳥居川の水位表（瀬田川の水位観測所付近）

川のみというところに、水行政上の根本問題がある（厳密には他に第一疏水、第二疏水、宇治川の電力用取水がある）。湖面の水位は、大阪湾平均干潮水位からプラス八五・六一四メートルをゼロ水位とし、鳥居川量水標を基準に測定される。この水位はほぼ大阪城天守閣の頂上に当り、その落差と豊富な水量のために京阪神地方の有力な電力供給源にもなっている。

　豪雨の時にはしばしば水害を生じ、逆に渇水時には水位は極端にマイナスとなり、灌漑や舟運それに取水に支障をきたす。仮に滋賀県に一〇〇ミリの雨が降れば、琵琶湖の水位は六〇センチ上昇する計算である。明治期以降、瀬田川浚渫《しゅんせつ》（川ざらえ）など治水《ちすい》事業が行われたが、本格化したのは明治二九年に大水害に見舞われてからである。瀬田川の南郷に洗堰《あらいぜき》が設けられ、瀬田川・宇治川の浚渫、淀川堤防の改築、新淀川の開削、毛馬《けま》洗堰の新設など総合的な治水事業が明治四三年まで続けられた。これによって、瀬田川の疎通能力はゼロ水位のとき毎秒二〇〇立方メートルへと四倍増となった。琵琶湖の常水位も約五〇センチ低下して、一メートルを超える高水位は一〇年に一度というところまで改善された。

古琵琶湖の生成は鮮新世末（約一八〇万年前）とされ、今日の湖の原型は約五〇万年前からといわれるが、その古さゆえに魚類・藻類も多様で、また湖に依存するカモなどの水禽《すいきん》類も数多い。魚類はイサザ、ワタカ、ハス、ホンモロコ、フナ、コイ、アユ、マス、ウグイなど在来種六一、移植種三、計六四種類（日本の淡水魚の約六割）、貝類はシジミ、イケチョウ貝など四三種類、鳥類は冬鳥（約二〇種）を含めて約四〇種、その他セリ、ヨシ、マツモ、クロモなど挺水《ていすい》、沈水、浮水植物があり、広大な湖の自然をいろどるとともに人間生活に深くかかわっている。

古来、湖畔で暮らす人々は漁業、水運で湖を活用するほか、飲料水、灌漑用水（近年は工業用水も）を得て、肥料を確保し、間接的には美しい景観を基調に観光に役立てて来た。また湖の存在は地下水、被圧地下水を豊かにし、気候上も気温変化を緩和してきた。

参考文献：『滋賀県史』、国交省・水資源機構・滋賀県の関連資料。資料により数字が少しずつ異なっている。

明治二九年の大洪水そして「排水同盟」の設立へ

世界有数の古代湖である琵琶湖の近現代史を、治水・利水・生態系保全の観点から語るとき、その原点として明治二九年（一八九六）の大洪水と明治二三年通水の琵琶湖第一疏水《そすい》（疏水は運河の意）を、まずあげることに躊躇しない。

明治二九年は、日本列島が未曾有《みぞう》の大自然災害に見舞われ「生き地獄」を強いられた年として記録される。奇《く》しくもこの年四月一日には日本最初の近代的な河川法が制定された。この法律は今日では旧河川法と呼ばれる（昭和三九年の改正河川法が「新河川法」である）。河川管理者を原則として都道府県とし、必要に応じて国が工事を実施する体制を定めた。当時相次いで起こっていた大水害の防止に重点をおいたもので、以後日本の大河川の改修は旧河川法の下で実施された。当時森林法・砂防法と合わせ『治水三法』と呼ばれた。旧河川法における河川管理の特色は、河川を「河川法適用区間」と「河川法準用区間」に分け、適用区間については内務省（戦後は建設省を経て国土交通省）によって直轄管理を行い、準用区間については各都道府県知事が管理を行うというものであった。制定当時は治水のみに重点をおいた法整備であったため、利水に関する想定はされていなかった。この年は六月一五日、明治三陸大津波に襲われ三陸地方（東北地方北東部）を中心に死者・行方不明者が二万一九五九人に上った。震度は二から三程度であり緩やかな長く続く震動であった。地震による直接的な被害はほとんど無かったが、大津波が発生し、かつてない甚大な被害をもたらした。次いで七月二二日には日本一の河川信濃川が大洪水に見舞われ堤防が寸断された。明治期の信濃川最悪の水害であった。下流の横田地区では堤防が決壊し西蒲原《にしかんばら》地方は泥水の海と化した。七五人が死傷し、二万五〇〇〇戸の家屋が流出した。流域は三か月もの間、泥水に水没した。

大災害はなおも続いた。東北地方は再度震災に見舞われた。八月三一日夕刻、陸羽《りくう》地震が発生し秋田県・岩手県の県境付近で直下型地震により二〇九人が犠牲になった。さらには九月一〇日、マリアナ諸島から北西方向に進んできた大型台風は、奄美大島付近で向きを北東に転じ前線を刺激しながら日本列島を直撃した。一一日夜紀伊半島に上陸し一二日朝日本列島を縦断して佐渡方面に達した。これより先、別の台風は紀伊半島に上陸した。相次ぐ台風襲来による暴風雨のため淀川、木曽川、荒川、江戸川、利根川など各地の大河川で大洪水となり、堤防がずたずたに切れて家屋や水田が激流に水没するなどの被害が続出した。（死者・行方不明者や被災家屋などの被害状況〈数字〉は資料により異なる――筆者）。

ここで琵琶湖を中心に滋賀県内の台風による被災状況を見てみる。

◆

『滋賀県災害誌』（滋賀県、彦根気象台編）、『琵琶湖を考えよう』（滋賀日日新聞社）などによると、滋賀県では明治期に入っても毎年のように琵琶湖の氾濫や河川の堤防決壊による水害に見舞われ続けた。中でも明治二九年は異常な多雨の年となり、一月から八月までに一六三七ミリと平年の一年分に相当する降雨を記録している。九月に入っても多雨の傾向は続き、寒冷前線と台風の接近・通過に伴って、九月三日から一二日までのわずか一〇日間に一〇〇八ミリという平年降水量の六割強の叩《たた》きつけるような豪雨に襲われた。しかも二四時間最大は六八四ミリ（七日午前六時から翌八日午前六時）で、四時間最大は一八二ミリ（七日午前六時から同一〇時）と、未曾有の車軸を流すような豪雨となったのである。その驚異的な豪雨ぶりを彦根測候所（当時）元所長関和男は「ロープのような太さの雨」が湖面や大地を叩き続けたと記している。雨の降り方の強烈なことは、丁度ロープのような太さの雨で、その上雷雨を伴い実に凄惨な光景であった。

琵琶湖の水位は急上昇した。それは空前絶後の記録的な上昇であった。鳥居川量水標の記録によると、六日午前六時の一・七三メートルが九日午前六時には三・一八メートル、一二日午後一二時には「湖面震動」（一定周期で運動を繰り返す波動、「セイシュ」と呼ばれる）の影響によって、実に四・〇二メートルと、当時の常水位を三メートル余も上回る「超高水位」

明治29年の大洪水（国土交通省提供）

野洲郡北里村大字江頭浸水の惨状

野洲郡北里村大字佐浪江浸水の惨状

彦根城山より浸水中の町内を望む

野洲郡中洲村大字吉川　野洲川堤防塘の避難者

を記録した。この「超高水位」が琵琶湖畔の町村や村落を襲った。稲の実った水田は一面の湖水と化し、村落は濁流に水没し村民は舟を浮かべて行き来した。大津町（現市）は中心部が一面浸水し、彦根町（現市）では八〇％が水没した。

「大阪朝日新聞」の記事から引用する。

〈九月九日付〉

・江州洪水（七日午後四時二五分彦根発）

前報後風雨いよいよ烈しく彦根停車場及び市街の浸水深き所にて三尺（約一メートル）付近の田畑はあたかも湖面の如し、犬上川満漲《まんちょう》高宮村上流において決壊し高宮分署付近の浸水一丈（約三メートル）余なり・江州水害（八日午後五時五分野洲発）野洲

川の堤防決壊したり、死者多しという
〈九月一〇日付〉
・琵琶湖水位（九日午後一時三〇分）
当地の琵琶湖水量標は今の高さ一一尺（約三・六メートル）
・膳所《ぜぜ》監獄（九日午後三時二八分大津発）
膳所監獄もまた水に浸され囚徒を高地の監へ移したり
・瀬田橋危（同上）
瀬田川の水勢甚だ強く今瀬田橋危うくなれり
〈九月一一日付〉
・江州水害（一〇日午前一一時四五分大津発）
雨止まず当町（大津）追々水に浸さる今浸さる居る家千六百六十二戸
・彦根水害（九日午後二時五〇分彦根発）
琵琶湖の水追々氾濫し監獄署、裁判所等を始め市中三分の一は水に浸されその深き所床上に達したり、家財を運びて立ち退きつつある者多し、白米及び野菜類の欠乏に困難す
刻下町長町会議員町役場に集まり救助の方法を協議し居れり、此《かく》の如きは未曾有《みぞう》の事

明治29年９月の琵琶湖大洪水時水位（大人の背丈を超える、大津市の西光寺）

なり

〈九月一六日付〉

・排水問題（一五日大津発）

大津の有志者は今回の如き大洪水に際し（琵琶湖）疏水閘門《こうもん》を閉鎖し平水の過半を減じ漏水僅《わず》かに二尺余（約七〇センチ）となしたる京都府の処置を憤り右閘門を開きて湖水を吐かさんとの議あり、今夜開くべき町会の一問題となるべし

・琵琶湖水（一五日午後二時五分大津発電）

琵琶湖水量標の水位二寸（六センチ）減ぜり

浸水は年を越えて二三七日の長期に及んだ。

死者行方不明者三四人、負傷者七九

人、家屋被害九万二八九二戸、被害田畑三万六〇〇〇ヘクタールに上った。堤防決壊箇所一九五四か所（同延長六万九四九四町、一町は約一一〇メートル）、湖岸港湾防波堤破損一五九か所、山崩れ六六四八か所、船舶流失六三隻、避難所数六三六か所……。県内の被害総額は一〇〇〇万円（今日の数百億円）の巨額となった。

暴風雨がおさまった同年九月二八日、大津で琵琶湖排水同盟大会が開かれた。「排・水・同・盟」の四文字に長年湖の浸水被害に苦しめられてきた県民の心情がよく表われている。翌三〇年六月には琵琶湖治水会が発足した。県民の手による琵琶湖治水の活動が始まった。

近代土木工事の金字塔「琵琶湖疏水」

京都の琵琶湖疏水が近代土木事業の「金字塔」であることを疑う人はあるまい。明治維新の東京遷都によって、京都は一一〇〇年に及ぶ都の座を奪われた。王城の地としての繁栄や宮廷を中心とした文化の衰退、人口の減少など衰微の一途をたどっていた。こうした中で、京都に近代の風を送り、新都市として再生を図る気運が生れてきた。そのためには産業を興し、経済復興を成し遂げることが不可欠であり、官民一体となって勧業政策を推進しなければならない。その一環として、琵琶湖の豊富で清い水を導く運河（疏水）計画が立案された。京都市民の熱い期待を受けて、第一疏水事業に敢然と取り組んだのが京都府知事北垣国道《くにみち》である。知事北垣は猪苗代《いなわしろ》疏水工事で活躍した農商務省の南一郎平ら技師を招いて、測量調査の実施や水路位置の選定それに詳細な水路計画書の作成を依頼した。明治一六年（一八八三）に「疏水起工趣意書」を作成し、市民の同意を取り付け、水源地の滋賀県と下流の大阪府との調整を図った。そのスケールの大きな構想に京都市民は敬嘆した。

大津の三井寺近くから長等山《ながらやま》を穿《うが》つ第一隧道だけでも二四三六メートルもあり、江戸時代の安眠から醒めたばかりの京都市民にとって度肝を抜かれる大工事となった。誠に国家一〇〇年の計である。明治一八年の着工から四年八か月後に大工事は完成した。

世紀の大事業の主役の一人は間違いなく、御用係として設計施工を指導した弱冠二三歳の青年土木技師田辺朔郎《さくろう》（一八六一―一九四四）である。疏水事業は、交通運輸としての通船（インクラインが代表例）が目的で始まったが、次第にエネルギー源（水力発電）、農業用水、上水道水と多目的な事業へと進展して行った。この多目的利用の発案者が工学士田辺であった。第一疏水の開通と日本初の水力を利用した蹴上《けあげ》発電所の完成により、京都市内にはガス灯がともり、明治二八年には日本初の市内電車が走った。京都は近代都市として基礎を固め産業が勃興し人口も増加した。明治三五年（一九〇二）頃には、電力量と飲料水が不足してきたことから第二疏水が計画され、第一疏水の北方二七メートル隔てて平行に開削された。

田辺朔郎像（京都・蹴上公園）

古都を見おろす蹴上公園内に、若き技師田辺朔郎の功績をたたえた記念碑と等身大の立像がある。近くには、かつて荷物を満載して山に登り京都人を驚嘆させた三十石船が、車輪のついた船台に乗せられてインクラインを上り下りした往時のまま保存されている。疏水分線蹴上公園内出口に田辺朔郎の揮毫《きごう》による扁額が掲げられている。「藉水利資人工」（水力を藉《か》り　人工を資《たす》く）とある。

琵琶湖疏水の通水以降、京都市は毎年「感謝金」を滋賀県に払っており、それは今日もなお続いている。

琵琶湖を詠った和歌二首

さざなみや　志賀の都は　あれにしを
　むかしながらの　山ざくらかな
（平薩摩守忠教《たいらのさつまのかみただのり》〔通常は忠度《ただのり》〕『平家物語』の「忠教都落」）

淡海《あふみ》の海　夕波千鳥　汝《な》が鳴けば
　情《こころ》もしぬに　古《いにしへ》思ほゆ
（柿本人麻呂　「万葉集」巻三）

琵琶湖を詠った和歌二首である。代表的歌人による名歌である。ここでは忠教の和歌をとりあげる。木曽義仲ら源氏の追撃により、都落ちを決意した忠教は、歌壇の最高権威である藤原俊成を密かに訪ねて別れを告げ、遺作となる巻物（和歌集）を手渡す。『平家物語』の「忠教都落」から一部引用する。（原文のママ）

「三位（俊成をさす）是をあけて見て『かかる忘れがたみを給おき候ぬる上は、ゆめゆめ粗略を存ずまじう候。御疑あるべからず。さても唯今の御わたりこそ、情もすぐれてふかう、哀もことに思ひ知られて、感涙おさへがたう候へ』と給へば、薩摩守悦んで、『今は西海の浪の底にしづまば沈め、山野にかばねをさらさばされせ。浮世に思いおく事候はず。さらばいとま申て』とて、馬にいち乗り、甲の緒をしめ、西にさいてぞあゆませ給ふ。三位うしろを遥に見おくって、たたれたれば、忠教の声とおぼしくて、『前途程遠し、思を雁山の夕の雲に馳』とたからかに口ずさみ給へば、俊成卿、いとど名残をしうおぼえて、涙をおさへてそ入給ふ。

其後、世しづまって、千載集を撰ぜられけるに、忠教のありしあり様、言ひおきしことの葉、今更思ひ出でて哀也ければ、彼巻物のうちに、さりぬべき歌いくらもありけれ共、勅勘の人（天子から咎《とが》めを受けた人）なれば、名字をばあらはされず、故郷花という題にてよまれたりける歌一首ぞ、「読人知らず」と入られける。

さざなみや　志賀の都は　あれにしを
むかしながらの　山ざくらかな

（意訳：さざ波が打ち寄せる志賀の都は荒れ果ててしまったが、長等山の桜だけは昔ながらに美しい花を咲かせていることよ）

其身、朝敵となりし上は、子細に及ばずと言ひながら、うらめしかりし事ども也」

忠教は一ノ谷の戦で戦死する。

琵琶湖から望む大津宮（志賀の郡）跡

第3話

琵琶湖・淀川水系の治山治水①

～「諸国山川掟」から江戸末期までの砂防事業～

江戸幕府による山林管理

寛文六年（一六六六）二月二日、江戸幕府は、第四代将軍徳川家綱側近の大老酒井雅楽守《うたのかみ》忠清、老中阿部豊後守正能《まさよし》、同稲葉美濃守正則、同久世《くぜ》大和守広之の連名で「諸国山川《しょこくさんせん》掟《おきて》」を発布した。

「　覚　諸国山川掟

一、近年は草木之根迄掘取候故、風雨之時分、川筋え土砂流出、水行滞候之間、自今以後、草木之根掘取候儀、可為停止事。（近年は草木の根まで掘り取るので、風雨が強いときは川筋に土砂が流出して川の流れが滞るので、今後は草木の根を掘り取ることは停止すべきであること）

烏丸《からすま》半島周辺のハス（水資源機構提供）

一、川上左右之山方、木立無之所々には、当春より木苗を植付、土砂不流落様可仕事。（川上の左右の山方の木立のないところには、この春から木苗を植付け、土砂が流れ落ちないようにすること）

一、従前々之川筋河原等に、新規之田畑起之儀、或竹木葭萱を仕立、新規之築出いたし、迫川筋申間敷事。（前々から川筋や河原に新規に田畑を起こしたり、あるいは竹、木、よし、かやを仕立てたり、新規に盛出して川面を狭めたりしてはならないこと）

附　山中焼畑新規に仕間敷事。（付記、山中で焼畑を新規にしてはならないこと）

右条々、堅可相守之、来年御検使被遣、掟之趣違背無之哉、可為見分之旨、御代

官中え可相触者也。（右の各箇条は堅くこれを守るべきこと。来年御検使を派遣され、掟の趣旨に違背していないかどうか見分される旨御代官に御触れを出すものである）

寛文六年也　午二月二日
久世大和守　稲葉美濃守　阿部豊後守　酒井雅楽守」

山林の乱開発が続いて緑が奪われ山肌がむき出しとなった。洪水による土砂流出が頻発《ひんぱつ》して農民の生命財産を奪う惨劇が続いた。事態を憂えた幕府は①草木の根株の採掘を禁じ、②上流の山方の左右に木立なき所には苗木の植栽を奨励し土砂流出を防ぎ、③土砂災害に遭《あ》いやすい場所の新田、および既存の田畑の耕作を禁じたのである。

全三条の掟（厳命）は「各箇条を堅く守る」ことを強要している。治山治水に関連して、江戸幕府の掟が最高首脳の連名で発せられることは空前絶後であった。掟は琵琶湖・淀川水系の山林管理に対して発せられた。

全国の大河川では、上流からの土砂流出により河床が慢性的に上昇していた。中でも、淀川水系では、無秩序な山林伐採のツケとして大雨の際に大洪水が多発したり、河床の上昇により舟運《しゅううん》が阻害されるなどの影響が出ていた。諸国山川掟が出される六年前に、山城《やましろ》、大和《やまと》、伊賀《いが》の三国（現京都府、奈良県、三重県）にしぼって樹木の根株の採掘を禁ずる令が出されていた。

一方、岡山藩では儒学者・治水家熊沢蕃山《ばんざん》（一六一九―一六九一）が治水を行うにあたり、「諸国山川掟」に類似した下流域の治水を目的に上流域の山林開発を制限する法令を作成している。

土砂災害は、自然界における浸食輪廻《りんね》の一過程における必然的な現象であり、上・下流が連携した対策を講じる必要性があった。淀川は、その後も河床の上昇が収まらず氾濫を繰り返した。幕府は天和《てんな》三年（一六八三）には若年寄稲葉正休《まさやす》に命じ「淀川治水策」をまとめ、淀川水系の改修工事に乗り出すことになった。その直後に正休は大老堀田正俊により失脚させられ、翌貞享《じょうきょう》元年（一六八四）には大老堀田を暗殺したが、その直後に殺害されている。だが商人・土木技術者河村瑞賢《ずいけん》（一六一七―一六九六）が一大事業を引き継ぎ、貞享元年から大規模な治水工事を進めた。新安治川《しんあじ》が開削され、瀬田川の大規模な浚渫が行われた。

参考文献：『瀬田川砂防のあゆみ』（近畿地方建設局琵琶湖工事事務所〔当時〕）、『淀川百年史』、京都大学名誉教授武居有恒氏の論文、(独)水資源機構・滋賀県の関連文献、筑波大学附属図書館所蔵資料

琵琶湖周辺の森林荒廃の要因

往古、瀬田川水源の地には、良材に恵まれた美林が広く分布していた。しかし江戸初期には山林の荒廃が相当に進んでいた。その原因として、奈良・平安時代に都市・神社仏閣などの建設のために、多量の木材が伐り出されたことがあげられる。琵琶湖周辺の山林で良材が大量に伐採され、水運によって遠く奈良や比叡山に運ばれた。だがこれだけが山林がはげ山となる荒廃の原因とは断言し得ない。むしろ日常的かつ継続的に森林資源を収奪するような作業が積み重ねられて、森林を荒廃させたと考える方が妥当だろう。

この地域の森林の大規模伐採は、古く平城京造営以前に、大和三山に囲まれた飛鳥《あすか》地方に造営された藤原京造営の時に既に始まっている。持統天皇の八年（六九四）に藤原京は造営されたが、用材は琵琶湖畔に近い田上山《たなかみやま》で伐採され宇治川の水運を利用して、泉乃津（木津）に陸揚げされた。その後陸路で藤原京まで運ばれた。この時の状況が『万葉集』（巻一の五〇番）に「藤原宮之役民作歌」の一部に詠われている。

「磐走《いわばしる》　淡海之国之《おうみのくにの》　衣手能《ころもでの》　田上山之《たなかみやまの》　真木佐苦桧之嬬手乎《まきさくひのつまでを》　物之布能《もののふの》　八十氏河爾《やそうじかわに》
玉藻成《たまもなす》　浮倍流礼《うかべながれ》……」

都の造営にあたって、大和国ではなく近江国の田上山で用材が伐採され運ばれたということは、同山にことの他すぐれた良材が自生していたことになる。だが一方で、全山山肌

田上山から見た琵琶湖（現在）

をむき出しにしたはげ山の出現を促す要因になった。
平安時代に入っても延暦寺の造営に甲賀山の樹木が伐り出され、名刹《めいさつ》石山寺の建造には田上山がまたも伐採の対象になった。中世以降では、応仁の乱をはじめ戦国時代の戦闘や兵火による山林焼失が相次いだ。織田信長の比叡山焼き討ちにも見られるように、敵対する陣営や拠点を山林もろとも焼き払った例は少なくない。兵火は森林の焼滅に拍車をかけたのである。
森林荒廃をもたらした要因の一つに地場産業もあった。信楽《しがらき》・伊賀地方に陶工の集落が形成され、信楽の製陶は今日まで及んでいるが、陶器の生産によって陶土の採掘と燃料用木材の大量消費が長年にわたって続いた。その結果、山地は荒れ果て緑は消えたのである。江戸初期には琵琶湖・淀川流域では山地の荒廃が相当に進んでいたと考えられるが、その地域は大半が花崗岩地帯である。花崗岩地帯ではいったん森林を掠奪《りゃくだつ》され地表の植生被覆を失うと、森林を再生させることは困難だとされている。

琵琶湖・淀川水系の水源地の森林荒廃は、出水のたびに土石流（鉄砲水）を発生させ、下流に水害をもたらした。土砂の流出はおびただしい量となり川床は上昇して、琵琶湖に流れ込む大半の川は川床が周囲の平野より一段と高い天井川《てんじょうがわ》となった。大雨が降るごとに天井川の激流があふれ堤防が決壊して、激流に生命財産が奪われ、人家や農耕地が押し寄せる土砂の下に埋没した。

瀬田川浚渫《しゅんせつ》を訴えた藤本太郎兵衛

江戸幕府による土石流対策がいつから始まったかは分からないが、「諸国山川掟」が発布された寛文年間（一六六一―一六七二）ではないかとみられる。琵琶湖の流末瀬田川は、大《だい》戸川《どがわ》など左右の支川から流れ込む大量の流砂のため、土砂が堆積して琵琶湖の水位が高まり、毎年洪水の被害を受けた沿岸農民の懇請で瀬田川の浚渫が始まったのが寛文年間である。古文書によれば、宝永五年（一七〇八）から明和八年（一七七一）までの六三年間に一七回もの大洪水が発生している。一村落が全滅した洪水も起きているのである。湖岸の農民は、瀬田川の浚渫を繰り返し京都奉行所に願い出た。だが奉行所は農民の訴えを許可しようとしなかった。その主な理由は①同川の道馬島付近（通称供御瀬《くごのせ》）は鎌倉時代から軍事上秘密の徒渉の箇所として、漁具と称して枕木を打ち並べ川幅を広く常に浅瀬を保つことが必要であった。②彦根城や膳所《ぜぜ》城の防衛のために、浚渫による琵琶湖の減水は絶対に反対であった。③下流の宇治川や淀川の沿岸民は、下流に氾濫を起こさせるとして反対した。上・下流の流域ではそれぞれの言い分を主張して一歩も譲らず激しい対立はその後も続く。

　ここに親・子・孫三代（一説に四代）にわたり瀬田川浚渫の実現に身命を賭《と》した庄屋がいた。琵琶湖西岸に広がる高島郡深溝村

藤本太郎兵衛像（琵琶湖畔、高島市）

（現高島市新旭町深溝）の庄屋藤本太郎兵衛である。太郎兵衛家は、天明五年（一七八五）以降四六年間、三代にわたり琵琶湖治水の必要性を訴え、上・下流八〇〇余の藩・村を訪ねては懸命に説得を続け、同時に江戸にまで足を運んで幕府首脳へ駕籠訴《かごそ》（直訴）にまで及んだ。ついに幕府の許可を取り付け、天保二年（一八三一）に瀬田川浚渫にこぎ着けた。民間の先覚者による半世紀にも及ぶ血のにじむような訴えは自普請《じぶしん》（工費を自前とする河川工事）として実を結んだ。河村瑞賢以降、実に一世紀を越えて一三〇年後に実現した大浚渫だった（地方史研究家石田弘子様の御教示による）。

幕末までの砂防事業の歴史をみると、「諸国山川掟」が発布されたのが一六六六年であり、貞享元年（一六八四）三月から江戸幕府の命令・監督下の土砂留工事が行われている。これをヨーロッパ先進国であるフランスに比べると、同国で山地や急傾斜地での伐採を禁止する法律が発令されたのは一七一八年であり、一八四八年と一八五六年の水害を受けて、一八六〇年に山地荒廃復旧事業として急流河川の治水工事と造林工事施工の法律が発布された。日本では既に一六八四年に砂防工事に着手している。フランスに先だつこと一七六年前ということになる。

辻邦生『安土往還記』

辻邦生《くにお》『安土往還記』（『辻邦生全集』第一巻）を再読した。辻氏の端正で高貴な香りのする文体を私は愛読する者だが、本書は氏の初期の代表的な中編歴史小説で、文部省芸術選奨新人賞に輝いている。戦国・安土時代の武将織田信長（作品中では「尾張の大殿《シニョーレ》」）の理知と狂気に満ちた生き様を、ポルトガル人宣教師《パードレ》に随行した同国人の航海士・探検家（架空の人物）が書簡で母国の知人に報告する「書簡体文学」のスタイルをとっている。芥川龍之介、木下杢太郎《もくたろう》、遠藤周作らが試みた「南蛮文学」又は「キリシタン文学」の流れをくむ作品と言えるだろう。

書簡は、鬼才的軍人信長が姉川の合戦で浅井・朝倉両氏を破り、反体制的な動きを強める仏教集団（延暦寺）を焼き討ちにすることを伝える。次いで、長島の一向一揆や興福寺を討伐し、長篠の戦いで武田軍を破ったことをあげ、戦略家信長の技量に驚嘆する。

信長が常勝の勢いに乗って安土城を琵琶湖畔の入江に築いて、安土桃山文化の基礎を固め、イエズス会宣教師ルイス・フロイスらパードレと交流してキリシタン文化をも摂取したことに強い関心を示す。信長は統一政権の樹立を目指した。だが功業半ばにして、側近明智光秀の反逆により本能寺（本能寺の変）で自刃《じじん》した。書簡は、その結末を最後の報告にしている。主人公が安土城建造の現場を視察する場面を引用する。

「安土は巨大な工事現場であった。そこは淡水の湖に臨み、三つの瘤駱駝《こぶらくだ》が伏せているような小丘を背負った平坦な地域で宮殿城郭《カステルロ》はこの小丘の頂きに建設されていた。いたるところ巨石が並び、木材、石材、砂利、砂などが積みあげられ、職人、労働者の小屋が並び、そのあいだを木を切る者、削る者、鑿《のみ》で刻む者、木材を運ぶ者、土砂をもっこで担ぐ者、石を刻む者、荷馬を曳く者、車を押しあげる者、綱を引く者たちがまるで蟻の集団のように働いていた。工事監督と兵士たちが工事場単位に仕事を督励し、全体の秩序と組織を保ち、工事の総合的な計画に従って、指令を伝達していた。

私が宮殿の一郭に着いたとき、大殿《シニョーレ》はちょうど何人かの人物とともに会議を開いているところであった。大殿《シニョーレ》は私が安土を訪れたことをよろこぶとともに、いずれ近々京都まで迎える所存であった、と言った」

　主人公が日本を離れる最後の場面を引用する。

「本能寺の炎上、大殿《シニョーレ》の死、壮麗な安土城郭の大火災、安土セミナリオの倒壊、青白い炎のように短く燃えて消えた明智殿の反逆、ふたたび京都の町々を影のように走り抜けてゆく羽柴殿の軍団―それはあたかも壮大な何ものかがひたすら崩れつづけているような日々であった。（中略）とまれ、私は大殿《シニョーレ》の死を知って一年後、季節風に送られる最初の船に乗ってこの王国（日本）を離れた。その日はおだやかな日和《ひより》で、ジェノヴァの船乗りたちが順風《ブレッツァ》と呼ぶ風が海のうえを吹きわたっていた」

キリスト教を中核とする西洋文明と仏教や儒教を精神的支柱とする日本的価値観の異文化同士の衝撃と波動さらにはその摂取を、フランス文学者辻氏は、織田信長という希代の大才の生涯を南蛮人（西洋人）の眼を通して描いたのである。その衝撃と波動は現代社会にもなお及んでいると言えよう。

安土城本丸跡から見た琵琶湖（近江八幡市安土町）

第4話

琵琶湖・淀川水系の治山治水②

～近代砂防の夜明けと河水統制事業～

明治政府による砂防工事

明治新政府の誕生により治水事業もほかの近代化政策と同様に新局面を迎える。明治元年（一八六八）一〇月、淀川改修を目的とする治河使《ちかし》が設置された。同六年九月、淀川水源砂防法八カ条が定められ、明治初期の砂防事業の骨格が明確にされた。江戸初期の「諸国山川掟」を再確認したような内容であり、第一条に伐採・開墾の取締りを定め、次いで傾斜地田圃《たんぼ》の保全、はげ山など裸地の植栽を規定した他、費用、施行場所、期間、管轄などを通達したものである。砂防事業に政府が積極的に乗り出した姿勢を示すものとして、その意義は大きい。

秋の琵琶湖と比叡山

明治初期から中期にかけて注目されるのは、御雇いオランダ人技術者たちの活躍である。明治政府はオランダ人土木技術者を招聘《しょうへい》して近代土木技術の導入をはかるとともに、彼らの作成した調査計画に基づいて河川・砂防事業の国直轄工事を開始した。

琵琶湖周辺の河川も含む淀川流域のはげ山地帯は、約一万三五〇〇町歩（一町歩は約九九アール）と見積もられ、これは流域面積の一・六％にあたる。流域内の地質は花崗《かこう》岩《がん》、第三紀層、秩父古生層であるが、当時の資料によれば瀬田川流域の花崗岩地帯と桂川流域では工事の成果が上がらなかった。

明治一一年以降、国直轄で砂防工事が施行されたのは、淀川水系のほか、利根川、信濃川、木曽川、筑後川、吉野川、富士川、庄川の八大河川水系で、明治一四年（一八八一）には府県営の事業に対する国庫補助の制度が設けられた。

帝国議会は、明治二九年九月日本初の河川法（旧河川法）を、翌三〇年三月森林法を、さらには同三〇年三月砂防法をそれぞれ可決し、「治水三法」と呼ばれる法体系が整備された。河川法が社会情勢の変化に伴って堤防法案の高水工事（洪水対策）に相当する部分だけで成立し、また森林法が山林監視、犯罪罰則、保護林取り締りだけを重視する中にあって、砂防法はこの谷間を埋める役割を担っている。同法に基づく砂防事業の特徴は、国直轄の大規模事業だけを追求せず、府県補助事業発展に意を注ぎ、分散的な公共投資とその効果の評価を推進力として拡大してきた。それが土砂災害防止事業の運営に適合していた。

参考文献：『瀬田川砂防のあゆみ』、『淡海よ永遠に』、『淀川百年史』、国交省・㈱水資源機構・滋賀県の関連文献、筑波大学附属図書館所蔵資料

招聘されたオランダ人技術者

明治政府は、近代技術を導入した治山治水に本格的に取り組むため、一〇人のオランダ人技術者を招聘した。水工学分野にだけ、なぜオランダ人技術者が招聘されたかを伝える公文書は確認できない。オランダと日本の河川や港湾は、自然条件や地理的条件が著しく

異なる。河川技術の場合、その風土に密着した高度な技術や知識が必要で、対象となる国土、地域、流域、自然現象の特性に応じて最適の技術が駆使されなければならない。

明治五年（一八七二）二月、土木技師ファン・ドールンが招聘に応じて来日し、長工師（現技師長）として利根川、淀川、信濃川、木曽川などの大河川改修とその水源地の砂防工事を手掛けた。翌六年二月、「治水総論」を、続いて「屼山《こつやま》（はげ山の意）砂防工説明」を政府に提出した。淀川河口築港計画に関わっていたドールンは、オランダ人技術者の多数招聘を政府筋に訴えて認められた。その後に招聘されたオランダ人技術者は九人で、その内訳は工師五人、工手四人である。職級順に記すと、一等工師のゲ・ア・エッセルとルーエンホルスト・ムルデル、二等工師のイ・ア・リンドウ、三等工師のア・ハ・テ・カ・チッセン、四等工師のヨハネス・デ・レーケ、そして工手のウエストル・ウィル、イ・ア・

ファン・ドールンの像（福島県の猪苗代湖畔）

カリス、ア・ファン・マストレクトである。技術者の初任の標準月給はいずれも極めて高額であり、工師の雇用期間は原則一期三年で更新制であった。

特筆すべきはデ・レーケである。彼は同僚の技師たちが任期終了とともに直ちに帰国したにもかかわらず、明治三〇年（一八九七）まで二九年間も滞日した。デ・レーケは淀川をはじめ木曽川、多摩川、常願寺川、吉野川の河川計画作成の指導にあたった。河川改修に対する彼の基本的な考え方は、治水と治山との一体化、あるいは広く流域管理ということができる。デ・レーケは来日の翌年（明治七年）一〇月、木津川水源を視察して水源山地の砂防現象が場所により水理学的に異なっていることに気づいた。一、屼山における施工、二、山脚、小渓における施工、三、山麓より支流における施工の三種類があることを示すとともに砂防工法の原理にまで及んで説いている。

彼は、木津川支川不動川水源で、砂防工事の試験施工として石堰堤《いしえんてい》、柴工護岸、苗木植付などの一六工種を選んで工費二三九三円余り（当時）をかけて実施し、同時に砂防職員の現地教材にした。「砂防工略図解」、「砂防略述」などの著述を残しており、砂防従事者はこれを書きとって金科玉条のように読んだという。

築港や河川計画におけるオランダ人技術者の評価とは別に、砂防分野におけるデ・レーケの功績は大いに評価していい。山腹工《さんぷくこう》のように植生を組み合わせた工法においては、その地に受け継がれた在来工法を検討し、その中から科学的、技術的に優れたものを見出し、必要とあれば改良を加えて行く、という彼の手法は理にかなった堅実なものである。

大津市田上森町《たなかみもり》の瀬田川支川天神川流域に残る石堰堤《えんてい》は、明治二二年田辺義三郎技師が設計したもので、その外観から「鎧堰堤《よろい》」と呼ばれている。その法面《のりめん》は七分の勾配を保ち、レンガ状の石を階段状に積み上げている。高さ六・八メートル、長さ四二メートルで、デ・レーケの指導により完成したとされる。

大津市田上森町に残る「鎧堰堤」(現在)

琵琶湖総合開発の先駆け

治水と利水を統合的に関発する思想が河川総合開発であり、戦前では「河水統制」と呼ばれた。アメリカのTVA(テネシー川流域開発公社)計画がパイオニアであった。昭和八年(一九三三)、フランクリン・D・ルーズベルト大統領が政権を担当するようになって、不況克服や地域開発を目指したＴＶＡ法が成立した。ダム建設事業を中心として発電・灌漑《かんがい》・水運・洪水防止のみでなく、沿岸地域の農業・工業の振興、植林による治山など多目的の開発事業に取り組み、社会生活全般にわたる民主主義的理想に燃えた大事業が推進され成功を収めつつあった。

日本国内でも明治中期には琵琶湖疏水や大阪市上水道などのように河川開発・利用の実績はあったが、大半は灌漑や舟運《しゅううん》に限られていた。ＴＶＡの成功が、資源の限られた日本にインパクトを与えて「河水統制」に対する国家的気運が一段と高まった。大正一四年（一九二五）東京帝国大学工学部教授兼内務省土木研究所長の物部長穂《もののべながほ》博士は、重力式ダム耐震設計法を発表してダム構造理論を打ち立て、翌年にはダムによる河川水量調節を提唱し、ダムの貯水効果による洪水調節と貯留水による発電や灌漑への利水を兼ねた河水統制事業の思想を公表した。同時に萩原俊一内務技師は、ダム建設を受益者による共同事業とするコスト・アロケーション（費用割当方式）を説いた。水需要は、発電・上水道・工業用水など産業の画期的発展に伴って利用水量や利用範囲が広がり始めた。需要の増大により大正末期から「河水統制」に対する期待が高まり、昭和一二年（一九三七）政府財政当局が河水統制事業調査費を認めたことで事業実施に弾みがついた。

琵琶湖・淀川水系では、内務省土木局（現国交省）による直接調査が行われることになり、

ノリスダム（米国テネシー川、TVAの代表的ダム）

大津市に内務省河水統制調査事務所が設けられた。昭和一三年から一五年まで淀川全流域にわたって現地調査が実施された。一五年一〇月「淀川河水統制計画」として発表された計画では、琵琶湖の洪水期水位を鳥居川量水標でプラス・マイナス・ゼロに保ち、プラス八〇センチまでを洪水調節に利用し、利水についてはマイナス一八〇センチまでとする。そのことで常時利用水量をそれまでより増加し毎秒一四五立方メートルにし、琵琶湖平均流入量毎秒一六〇立方メートルに対してその利用度を九〇％に高め、発電と下流（京阪神地区）の水需要に対処しようとする壮大なプロジェクトである。

◆

現在も一部が保存されている南郷洗堰

主な工事は、南郷洗堰《あらいぜき》の改造、瀬田川の掘削、大戸川の付け替え、琵琶湖疏水補給水路の開削、湖岸舟置場の改良、湖護岸・河口処理（河口改修）、灌漑揚水機の改良、流入河川の上流に灌漑用の貯水池の築造などである。さらには湖周辺に点在している内湖の干拓（約三〇〇〇ヘクタール）、同地域の乾田化による二毛作の増進、湖辺治水、湖面低下に伴う各種工事やその損失補償まで、湖周辺の地域開発に利益をもたらす大規模総合開発計画である。計画調査中の昭和一四年（一九三九）、西日本を中心に大渇水に見舞われ、琵琶湖は同年一二月四日マイナス一・〇三メートルという最低水位を記録した。記録的低水位が湖岸に及ぼした影響は、図らずも河水統制計画策定の重要参考データとなった。

琵琶湖・淀川水系の第一期河水統制事業は、太平洋戦争最中の昭和一八年（一九四三）一二月一二日に着工し、終戦後の二六年度に完了した。同事業は、水位低下などの人為的な湖面水位の変動に伴う湖岸施設や漁業補償という複雑な問題をかかえていた。補償問題は一応決着をみたものの、戦時中という特殊事情もあって支払いが戦後に延ばされ、物価の変動期（異常インフレ）にあたったため難題を残す結果となった。また琵琶湖の水源県と利水県との表現で代表される上下流の被害者・受益者意識に対する行政的思惑がからんで問題を複雑なものにした。しかし河水統制事業は治水を悲願とする琵琶湖沿岸住民と水不足に悩む阪神地区の双方の要望にこたえうる成果が得られた。画期的な収穫といえ、後の琵琶湖総合開発の先駆けとなったのである。

参考文献：『淡海よ永遠に』

我が歴史・文学そぞろ歩き～琵琶湖編～

吉村昭『ニコライ遭難』

吉村昭『ニコライ遭難』（岩波書店）は大津事件をとりあげた文学作品である。明治二四年（一八九一）五月一一日、滋賀県大津町（当時）でロシア皇太子が襲われた事件である。シベリア鉄道起工式にのぞむ途中来日したニコライ皇太子（後のニコライ二世）は、警備中の巡査津田三蔵にサーベルで切り付けられ頭部などに大ケガを負った。事件は朝野に一大衝撃を与え外交問題にまで発展した。皇太子が巡査津田に襲われる場面を引用する。

「皇太子の人力車が、下小唐崎《しもこからさき》町の家並の道に入った。両側にひしめく人々は頭をさげ、所々に立つ巡査は挙手の礼をする。皇太子は、吊り看板などのさがった店に視線を走らせながら車に体をゆらせていた。

道の右手にある下小唐崎町五番地の津田岩次郎宅の入口の前にも巡査が立ち、皇太子の車が車輪の音を鳴らせて近づいてゆくと、姿勢を正して敬礼をした。

皇太子の車がその前を通りすぎようとした時、挙手の手をおろした巡査が、急にサーベルをひきぬき、進む人力車の右側一尺（三〇センチ強）ほどに走り寄った。

刀身が陽光を反射してひらめき、その刃先が、鼠色の山高帽をかぶった皇太子ニコライの頭に打ちおろされた。

その衝撃で帽子が飛んだが、皇太子は前をむいたままで、巡査が声を発しなかったので梶棒をとっている車夫の西岡太郎吉二十七歳も気づかず、変らぬ歩度で車をひいてゆく。

気づいたのは、車の右側後部を押していた車夫の和田彦五郎二十五歳であった。和田は茫然としながらも、後押しをやめて巡査に駆け寄り、右手で巡査の左脇腹を強く突いた。

巡査はよろめいたが、再びサーベルをふりあげて皇太子に近づいた。その時、初めて皇太子は巡査の方に顔をむけた。巡査は、無帽の皇太子の頭に再びサーベルをたたきつけた。

立ちあがった皇太子が叫び声をあげ、その声にふりむいた梶棒をとる車夫の西岡が、異変が起きたことにようやく気づき、職業上の習性ですぐに足をとめると、梶棒をおろした。

皇太子は、巡査とは反対側の路面にとびおり、頭を両手でおさえ、あー、あーと叫んで道の前方に走った。巡査は、サーベルを手に迫ってゆく

「その出来事を初めから眼にしていたのは、皇太子の車の後方を進む人力車に乗っていたジョージ親王であった。巡査が傷ついた皇太子を追うのを見たジョージ親王は立ちあがり、それに気づいた車夫藤川角次郎二十五歳が梶棒をおろした。

路上に飛びおりたジョージ親王が巡査にむかって走ると同時に、皇太子の車の左後部を押していた車夫向畑治三郎三十八歳が、ジョージ親王と肩をならべて走った。その後から、車夫の西岡、和田それにつづいてジョージ親王の車の後

押しをしていた北賀市市太郎三十三歳と安田鉄次郎三十歳が駈けた。

ジョージ親王が巡査に追いつき、手にした竹杖で巡査の後頭部をはげしくたたいた。その杖は、親王が（滋賀）県庁内の物産陳列所で買いあげた栗太郡草津村の

皇太子ニコライ遭難の地（現大津市中心部）

木村熊次郎出品のものであった。

それと同時に、向畑が巡査の腰にしがみつき、両足をかかえると勢いよく後ろへひいた。そのため巡査は前のめりに倒れ、制帽が飛んだ。巡査のつかんでいたサーベルが、手からはなれて路上に投げ出された。向畑につづいて駆け寄った北賀市が、そのサーベルを拾うと、倒れた巡査の背部にふりおろし、さらに二太刀目を浴びせかけた」

明治天皇は同月一三日に京都御所に、一九日には神戸港出航当日ロシア戦艦に皇太子を見舞った。成立直後の松方内閣の閣僚や元老らは犯人を皇室罪（大逆罪）で死刑に処する意向だった。だが大審院長児島《こじま》惟謙《いけん》は特別法廷（大津地裁で開廷）担当判事らに通常謀殺未遂の適用を説得し、無期徒刑の判決を下させ司法権の独立を守った。青木周蔵外相ら関係閣僚は引責辞任し、犯人津田は九月釧路集治監（刑務所）で病没した。『大津事件』（尾佐竹猛、岩波文庫）を参考にした。

第5話

高度経済成長と琵琶湖開発構想

昭和二八年の水害と南郷洗堰

敗戦からの「独立」から一年経った昭和二八年（一九五三）は最悪の水害の年となり、被害が西日本に集中した。六月末、九州地方に停滞した梅雨前線は西日本各地に豪雨を降らせた。松原・下筌《しもうけ》ダムの建設につながる九州では未曾有《みぞう》の大洪水だった。次いで、七月中旬には紀伊半島の山岳地帯を梅雨の豪雨が襲い、紀の川、有田川などの流域では壊滅的被害を受けた。

吉田内閣は、七月末内閣に副総理を長とする治山治水対策協議会を設置した。国会でも衆参両院に水害地緊急対策特別委員会が置かれ、国をあげて恒久的な洪水対策に乗り出す

南郷洗堰（水資源開発公団〔当時〕刊『恵みの湖』より）

ことになった。「運命の悪夢」はこれでもおさまらなかった。九月下旬、大型台風一三号が近畿・東海地方を直撃した。死者行方不明者は四七八人に上った。日本は「水害列島」となった。琵琶湖・淀川水系でも一三号により大洪水に見舞われ、宇治川の堤防が決壊して旧巨椋《おぐら》池干拓田など二八八〇ヘクタールが二五日間水没した。桂川下流でも支川が相次いで破堤して流域の田畑や住宅地が浸水した。台風通過後には各河川とも次第に水位が下がり、水害が拡大する恐れは薄らいだ。だが琵琶湖だけは例外だった。琵琶湖の水の出口にあたる南郷洗堰《あらいぜき》は、洪水に備えてあらかじめ琵琶湖の水位を下げておくため、開放の指令が二五日朝出されていた。今日の電動式の新洗堰とは異なり、当時は角落とし方式で人力によって操作をしなければならなかった。角材を一本ずつウインチで巻き上げる旧来の作業ははかどらず効果があらわれないうちに、淀川下流は増水した。夕刻には警戒水位を突破したため、再び全閉しなければならなくなった。堰を閉鎖する作業も開放同様に時間を要する。流れが速いため角落としを入れただけでは浮き上がって閉鎖の効果があがらない。上からモンキースパナで叩いて締めなければならず、そのために下流で最大流量を記録した二五日夜半にも毎秒三〇〇立方メートル以上の激流が洗堰から流下した。

洗堰は下流の水位低下に伴って、二六日未明から再び開放を始めた。しかし宇治川の堤防決壊箇所を考慮して、開放度を加減した。このため琵琶湖の水位は上昇を続け、二七日午後四時には、鳥居川水位一・〇二メートル、彦根水位一・一九メートルとなり、湖岸の田畑四五〇〇ヘクタールが水没した。当時の洗堰の疎通力は最大でも毎秒約六〇〇立方メートルであったため、水位低下の速度は遅く、鳥居川水位が再び通常の〇・三〇メートル以下に下がるまでには二六日間もかかった。この間、洗堰の操作をめぐって、上流の滋賀県と下流の京都府・大阪府それに建設省近畿地方建設局（当時）の間で激しい折衝や陳情合戦が繰り広げられた。

政府の淀川治水計画は抜本的な改訂が行われることになった。「淀川改修基本計画」の正式決定で、宇治川筋に天ヶ瀬ダムが建設されることになった。同時に琵琶湖総合開発をめぐる論争に拍車をかけることになった。

参考文献：『瀬田川砂防のあゆみ』、『淡海よ永遠に』、『淀川百年史』、国交省・(独)水資源機構・滋賀県の関連文献、筑波大学附属図書館所蔵資料

琵琶湖総合開発協議会の発足

戦後の社会的・経済的情勢から多目的ダムの必要性と優位性が認識されるようになった。法律的には国土総合開発法(昭和二五年)、特定多目的ダム法(昭和三二年)の制定により、大型ダム方式(日本型TVA)による治水・利水計画に転換されるようになった。天ヶ瀬ダムもこの法律の適用を受けて建設された。水源地・琵琶湖の利水をめぐる議論も電源開発を主眼とする政策から都市用水の確保を目的とした政策に転換されることになった。こうした社会背景を受けて、天ヶ瀬ダムは洪水調節・発電それに用水供給を目的とした淀川水系の多目的ダム第一号として施工されることになった。同ダムは昭和二二年に現地調査し上下流問題や発電所建設など紆余曲折を経て、三五年から本格的工事に入り、三九年一一月二六日に完成した。

〈天ヶ瀬ダムはドーム型アーチ式コンクリートダムの曲線美を誇る。堤高：七三メートル、堤頂長：二五四メートル、湛水面積：一・八八平方キロメートル、総貯水量：二六二八万

天ヶ瀬ダム（現在）

立方メートル、水没面積：六三ヘクタール、水没家屋：一三八戸、天ヶ瀬発電所の最大出力：九万二〇〇〇キロワット。ダム総事業費：六六億六〇〇〇万円〉

　昭和三〇年代は戦後復興から高度経済成長へと飛躍した時代であった。首都圏はもとより阪神地域においても、都市人口の集中化や産業の伸展により都市用水（水道水や工業用水など）の需要は急激に増加した。淀川河口地帯では地下水の大量くみ上げにより地盤沈下が進んだ。電源開発を目指した多様な計画案が立ち消えになった後も、日本最大の淡水湖・琵琶湖の水資源に対する重要性が増大することは、下流にあたる京阪神地域の行政当局の周知とするところであった。淀川の水資源開発は急務であり上流の水源地琵琶湖に関心が集中した。

「淀川改修基本計画」と相前後して総合的開発への動きが起こった。昭和三一年（一九五六）四月一一日、琵琶湖総合開発協議会が発足した。同協議会は、建設省近畿地方建設局の呼び掛けに、滋賀・京都・大阪・兵庫の各府県、京都・大阪両市、阪神上水道組合、関西電力が応じて発足したのである。同協議会は三二年五月二七日琵琶湖の現地視察を行い、三三年五月二一日の第三回会合で、需要水量の推定と琵琶湖の利用計画案を討議し、需要水量調査のための分科会を設置するなど基礎的な活動を開始した。計画案の柱は①都市用水需要の再検討、②山城盆地の用水（琵琶湖疏水や宇治川の取水）の淀川還元を期待する方向の検討、③水計算の精度と安全度を上げること、であった。③については、①と②を基本計画量として、利水計画の安全度を淀川河水統制計画に合わせて水計算を行った結果、琵琶湖の利用水深はマイナス三メートル必要とすることが判明した。「水需要調査を通じて水行政に携わる行政機関の横の連絡が密になったことは、協議会の一つのメリットである」（『淡海よ永遠に』）。

水資源開発公団の設立

昭和三五年（一九六〇）一二月、自民党水資源特別委員会は水資源開発促進法案と水資源開発公団法案大綱を発表した。同委員会は会合を重ねた上で促進法のもとに二つの公団（水資源開発公団と用水事業公団）を設置する案を立てて、政府に法制化の要請を行った。これを受けて建設省は水資源開発公団法、利水三省（農林・通産・厚生の各省）は利水事業公団法案を提出した。政府はこの両法案に基づいて関係省庁の調整をはかり、三六年四月、首相池田勇人の指示で水資源関係閣僚会議が開かれ公団の一本化が決定された。同年五月、水資源開発促進法案と水資源開発公団法案が国会に提案され、同国会では審議未了となったものの、同年九月の三九国会に両法案が再提案されて一〇月一三日一部修正の上可決された。翌三七年水資源開発公団（水資源機構前身）が設立され、琵琶湖開発事業を担うことになる。両法案の成立に際し、滋賀県企画課は異例の声明を発表した。

「（前略）申すまでもなく、本二法案は利根川の開発とならんで淀川水系、すなわち琵琶湖の水資源開発を対象にしておりますから、法案の内容も琵琶湖の特殊性に合致するよう、又沿岸住民に及ぼす諸影響に対しても完全な措置がとられ、然《しか》も水資源開発を通じて滋賀県将来の開発発展が期待される諸施策を同時に実施することができるように修正する必要がありました。結果的にみれば未だしの感もありますが、これらは今後機に臨み善処することとする一方、前国会審議の過程における質疑応答、或いは付帯決議事項をよく参酌し、二法の運用があやまって実施されないよう十分留意すると共に二法の具体化に対しても万全の対策をとることにより、その目的を達成しなければならないと考えます」（原文のママ）

水資源開発促進法は、河川の各水系において水資源の総合的な開発・利用の合理化促進を目指したものであった。この法律により、内閣総理大臣は、広域的な用水対策を緊急に実施する必要があると認める河川の水系を水資源開発水系として指定することができるようになった。これにより現在までに、利根川水系、淀川水系（以上昭和三七年〈一九六二〉四月）、筑後川水系（同三九年一〇月）、木曽川水系（同四〇年六月）、吉野川水系（同四一年一一月）、荒川水系（同四九年一二月）、豊川水系（平成二年〈一九九〇〉二月）の七水系が指定されている。

水資源開発水系を指定した際、内閣総理大臣は、当該水系の水資源開発基本計画（所謂《いわゆる》「フルプラン」）を決定しなければならない。基本計画によって明らかにされるのは、①水の用途別の需要の見通し及び供給の目標、②供給の目標を達成するために必要な施設の建設に関する基本的な事項、③その他水資源の総合的な開発及び利用の合理化、に関する重要事項である。世紀の祭典東京オリンピックは昭和三九年秋に開催されることが決まっていたが、マンモス都市東京は水不足にあえいで「東京砂漠」と報じられる事態にまで陥った。開催を危ぶむ声すら出ていたのである。

さまざまな琵琶湖総合開発案

琵琶湖総合開発を目指す構想が、昭和三〇年代後半から相次いで示された。

「南北締切堤案」は、昭和三五年九月に琵琶湖総合開発協議会で発表されたことから「協議会案」とも呼ばれ、締切堤の構想位置から「堅田《かたた》締切堤案」とも呼ばれた。この案は、琵琶湖の東西間の岸の距離が最短となる堅田・守山間に締切堤を設けて、北の部分（北湖）

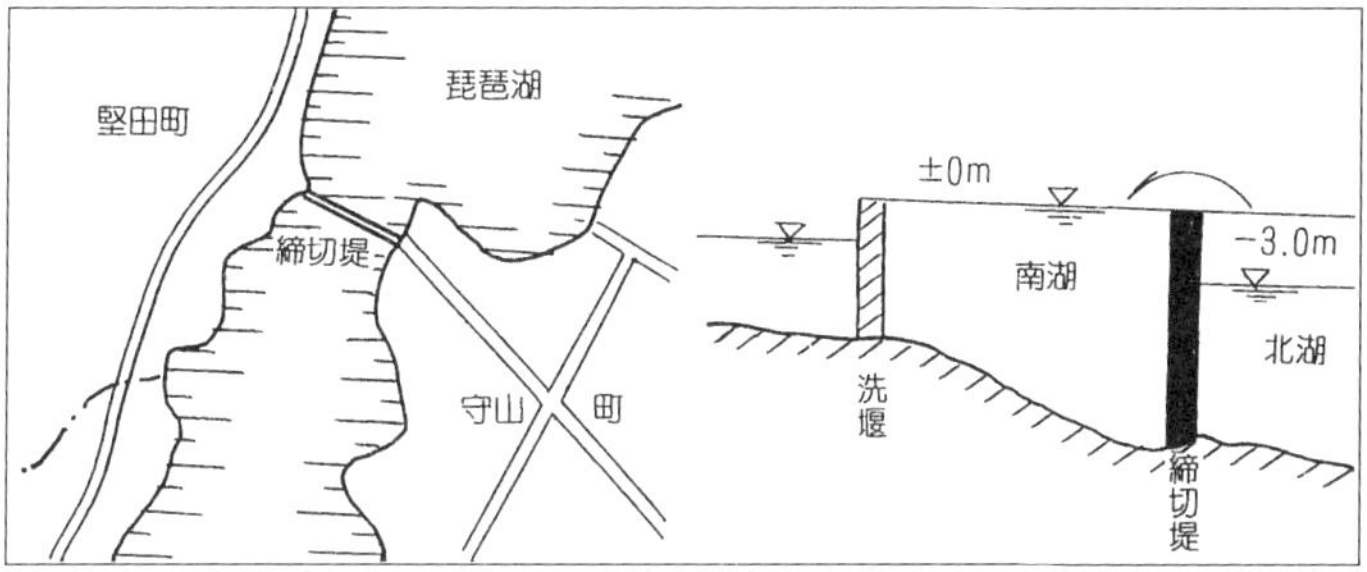

南北締切堤案（『淡海よ永遠に』より）

をマイナス三メートルの水位まで利用するという大規模な構想である。これによって下流である阪神地域の昭和五〇年（一九七五）の水需要を充足させ、同時に洪水期の水位を通常マイナス〇・三メートル以下に抑えて湖岸の治水にも役立てようという計画であった。「前例をみない規模」（『淡海よ永遠に』）であった。この案に対して、滋賀県をはじめ地元自治体は反対を表明した。琵琶湖を二分することは滋賀県も二分することにつながるからであった。滋賀県は、瀬田川洗堰の操作をめぐる国と県との対立同様に、琵琶湖の南北湖締切りによって生じる南北湖周辺の県民対立を心配したのである。また反対の背景には、下流の水供給を優先し、水コストを安くするという発想から締切案が生れた点にもあった。滋賀県が期待する開発の具体案も示されていなかった。

「ドーナツ案」は、三七年六月に農林省京都地方事務局（三八年五月近畿農政局と改称）が農業用水供給の立場から

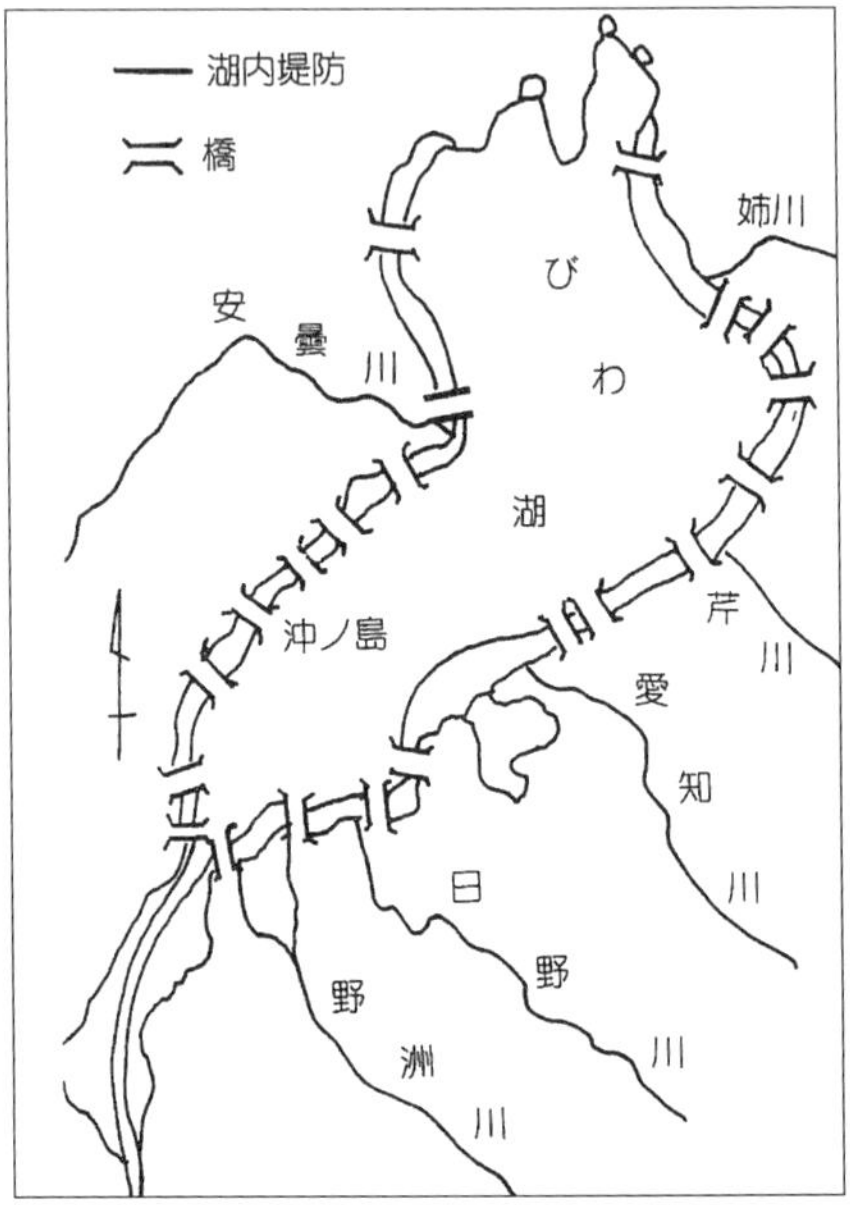

ドーナツ案（『淡海よ永遠に』より）

構想したものである。湖岸から二〇〇メートルから五〇〇メートル離れた湖中に湖岸と並行に堤防を構築する案で、環状に琵琶湖を内湖と外湖に分割して利用することから「ドーナツ案」と呼ばれた。この案は湖岸の水位低下に対する補償対策に悩む建設省への対抗策として構想されたものであった。だが当時の積算で七〇〇億円という膨大な工事費を要し、各種の地元補償とそれに関連した開発による地元還元の度合が低かったため、滋賀県は強い関心を示さなかった。

「パイプ送水案」は、三八年に滋賀県独自の案として構想された。送水専用のパイプを敷《ふ》設《せつ》して琵琶湖から阪神地方に毎秒二〇立方メートル、年間六億立方メートルのきれいな水を供給しようとするものであった。この案は、南北締切堤案に対する滋賀県の考えを明瞭に示したもので、下流利水者の関心を呼んだ。しかし建設省近畿地方建設局では、この案による湖水低下は現水利権に毎秒二〇立方メートルをプラスする場合は約一・四メートルとなり、①南湖の被害が大きいこと、②現水利権内の場合は淀川の維持用水の減少により取水能力の低下と水質汚濁《おだく》の悪影響があること、③河川敷のパイプ敷設は河床変動などに好ましくないこと、④水質浄化対策の送水路建設は二重投資となること、などの理由により批判的態度をとったことから、実現には至らなかった。

「湖中提案」は、四〇年に建設省が「琵琶湖総合開発の構想」として滋賀県に提案したものである。先の「南北締切堤案」の批判を考慮して作成されており、堅田・守山間に低い堰を設けるが、①北湖をマイナス三メートルまで利用するほか南湖をマイナス一・四メートルまで利用する、②湖周道路と河口処理（改修工事）を付帯工事とした、③湖岸にクリークを造り、ここに湖水をくみ上げて周辺の水路の水位と地下水位を維持させるようにする、となっている。この案も基本的には南北湖締切堤が前提であり、北湖マイナス三メートルとの規模も変更されなかったことから滋賀県の合意は得られなかった。

『特選!! 米朝落語全集』

『特選!! 米朝《べいちょう》落語全集』（東芝ＥＭＩ、全四〇巻）の中から近江国や琵琶湖を舞台にした噺《はなし》をとり上げてみる。「人間国宝」桂米朝師が上方落語界の重鎮であり古典落語の最高峰であることは言うまでもない。修養と教養に裏打ちされた研ぎ澄まされた話芸は知的で上品な笑いを誘うのである。近江国や琵琶湖をテーマにした噺を思いつくまま取り上げてみると、『矢橋船《やばせぶね》』、『近江八景』、『亀佐』、『仔猫』、『狸の化寺』（近江国とは断定しにくいが）……。

私は『矢橋船』を愛する。時代は江戸末期か明治初頭であろう。「八橋の帰帆」（近江八景）で知られる矢橋港から乗合い船が出るところから幕が開く。船には武士、商人、農民、病人などが乗り合わせるが、乗合い人の洒落や「色問答」がまことにおかしい。活字で師匠の話芸を再現するのは至難の技だが、一部引用してみよう。（イ、ロは船中人物）。

イ「こっちはあんた、江州《ごうしゅう》で有名な山どっせ、あら。あらあんた三上《みかみ》山。一名百足《むかで》山とも言いますな」

ロ「百足山。けったいな名前が付いてまんのやな」

イ「昔、俵藤太《たわらとうだ》秀郷という豪傑が、あの山で百足を退治したんで」

ロ「百足ぐらい私かてつぶせまっせ」

イ「そんな百足と違う。俵藤太が退治した百足というのはあの山を七巻半巻いてたちゅうのや」
ロ「七巻半。おっそろしい大きな百足だんな」
イ「さあ、ちょっと聞くと大きいようだけれども、『ななまきはん』は『はちまき』よりちょっと短いのや」

船中のやり取りはユーモアの極であり春風駘蕩《しゅんぷうたいとう》とした風情をかもしだす。湖畔の四方《よも》の景色を楽しみながらゆっくり船に揺られているような自足した気分に陥るのである。

三上山と烏丸半島

第6話

事業計画書の作成と意見調整の難航

滋賀県知事、構想の撤廃を要求

昭和三五年（一九六〇）九月一二日、琵琶湖総合開発協議会の第四回委員会（会長＝建設省近畿地方建設局〔当時、以下近畿地建〕局長玉井正彰）が大津市の琵琶湖ホテルで開催された。同協議会は、近畿地建の呼び掛けに、滋賀・京都・大阪・兵庫の各府県、京都・大阪両市、阪神上水道組合、関西電力が応じて同三一年四月一一日に発足したのである。

席上、事務当局から、琵琶湖の治水（洪水対策）と下流利水（工業用・発電用・水道用水の確保）を含む水資源開発事業と琵琶湖周辺の地域開発事業を合わせた構想が説明された。会長玉井が委員に諮《はか》ると一瞬静寂が会場に広がった後、兵庫県企画部長一谷定之丞《いちたにさだのじょう》が熱意あふれ

琵琶湖の夕景（長浜市湖北町延勝寺より竹生島を見る）

る賛成意見を述べた。これに応じて各委員がこぞって立ち上がり、計画立案に向けて早急に現地調査に入るための上下流自治体の相互協力実現を確認しあった。同協議会にとって記念すべき大きな一日となった。委員会では、国の政策として調査予算を大規模なものにするためにも協議会として調査費を国に寄付してはいかがかとの異例の提案が示され、事務局に来年度の必要額を問われた。事務局では熱意に溢《あふ》れる委員会の意向を予想もしなかっただけに「後日の検討課題にする」と答えるにとどめたが、明るい雰囲気が会場に満ちた。だが前途は多難だった。

翌三六年一月、琵琶湖総合開発協議会の第五回委員会では、この寄付金（国への委託調査）三〇〇〇万円の各組織分担金が定まり、一方三六年度を初年度とする琵琶湖の予備調査費（河川総合開発事業調査費）も開始された。以後、実施計画調査に入る以前の同四二年（一九六七）度までに四億四〇〇〇万円の予備調査が行われる。これを受けて建設省琵琶湖工事事務所が同年九月に発足した。三〇〇〇万円の協議会委託費は国の調査で実施しにくい事業を補完する意味で以下のような調査に利用された。

①琵琶湖生物資源調査：琵琶湖漁業で収穫される魚類・貝類が湖面変動によって、どのような影響を受けるかを調べるために生物系の循環を調査し、かつ陸水学からのアプローチを試みる。また水産振興対策を立てるための生物資源調査が必要となった。とりあえず、調査方法論の検討、文献収集、検索表（データベース）の作成を行った。
②港湾対策調査（第三港湾建設局委託）
③堅田ダム調査・ボーリング地質調査（道路公団委託）
④琵琶湖地区国土基本図（国土地理院で撮影済の湖周辺九八平方キロの図化）
⑤湖面変動に伴う地下水位の影響調査

参考文献：『淡海よ永遠に』、『滋賀県史　昭和編』、拙書『大地の鼓動を聞く　建設省五〇年の軌跡』、㈱水資源機構関連文献、筑波大学附属図書館所蔵資料

対立する建設省と滋賀県

琵琶湖水政の基本方針が滋賀県から発表されて四か月後の昭和三九年（一九六四）九月二日、建設省河川局幹部は滋賀県幹部と東京で懇談会の場をもった。建設省河川局は琵琶湖総合開発構想試案を非公式に説明し、次いで翌四〇年一二月四日、公式に構想及び事業計画の概要を明らかにした。この構想は、堅田・守山間の湖中、湖面プラス・マイナス・ゼロからマイナス一・四メートルの箇所に水没ダムを築造し、下流に水を送る場合マイナス一・四メートルまでは全湖利用を行い、それ以下では先に公表した締切り案と同じ方式をとり、マイナス三メートルまで利用する。これによって昭和五〇年には最大供給量を毎秒四八立方メートル増加するという計画で、総工費は四二〇億円であった。構想は、全湖利用の滋賀県の主張と締切り案との折衷案で滋賀県側の主張を一部取り入れた内容であった。

これに対して滋賀県知事谷口久次郎は、試案発表当時から水位がマイナス三メートルになれば、ゼロ水位を基準に生活している滋賀県県民への多大な影響は避けられないと反対の態度を表明した。同時に、県漁業組合連合会は、湖中ダム案は魚の移動を妨げる、マイナス五〇センチで舟溜《ふなだまり》は使用できなくなる、マイナス三メートルでは「えり」漁業は不能、養殖真珠も生産できなくなるとして、構想の撤廃を要求した。さらに知事谷口の後を受けた新知事野崎欣一郎も谷口路線を継承して、県内各地でこの計画の問題点を指摘し全県あげて反対する方針を掲げた。

同四一年六月六日、琵琶湖生物資源調査団（団長宮地伝三郎京大名誉教授）が中間発表を行い、湖中ダム建設は琵琶湖の生物に重大な影響を与えると発表した。建設省には大きな衝撃であった。翌四二年二月一七日、建設省は次年度の構想の基本を特別立法と湖岸堤防築造の調査におくと発表した。だが、知事野崎は湖中ダム案の廃止が明示されない限り、湖岸堤には反対であると表明した。四三年三月になって大蔵省（当時）が湖岸堤の関連予算を査定の段階で保留したため、建設省の構想は事実上立ち消えとなった。

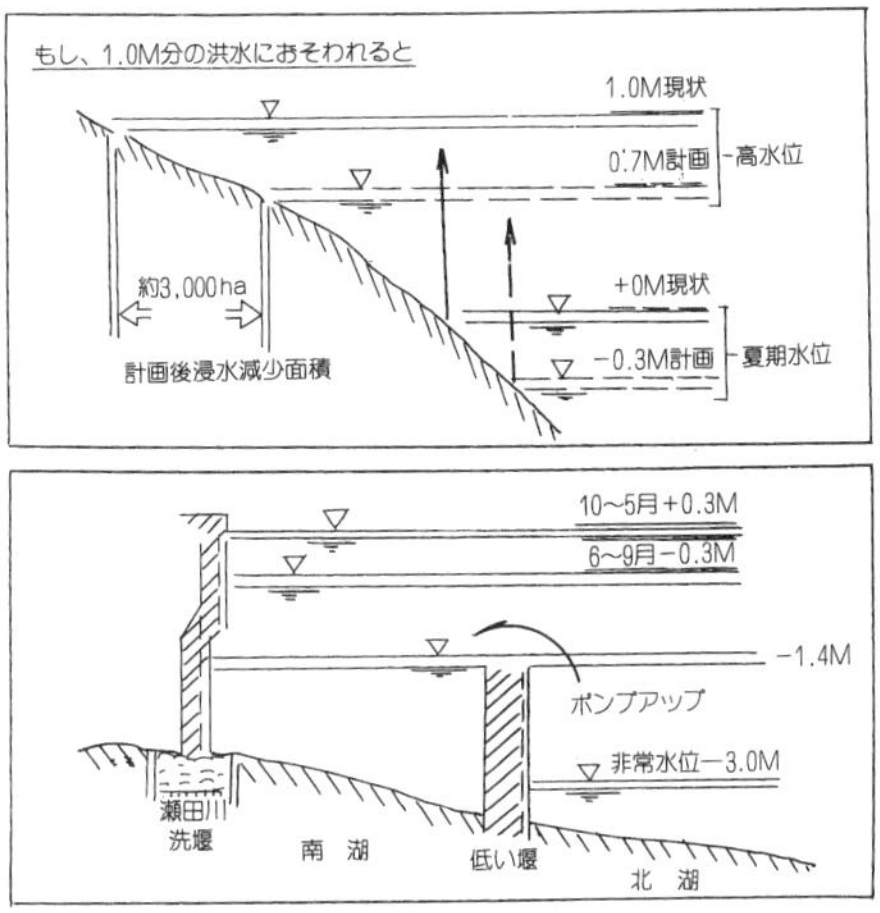

湖中ダム案（『淡海よ永遠に』より）

琵琶湖総合開発は、その重要性や緊急性が政府や近畿地方の自治体から指摘されていたものの、いっこうに進展しなかった。同年七月二〇日、近畿行政監察局（当時）が原因の究明に乗り出すという異例の事態に発展した。滋賀県は、行政監察当局に対して①開発構想を政府関係省がばらばらの試案を示していて調整機能がないこと、②各省とも利水中心に考えて滋賀県の実情を無視していることを指摘した。阪神地域は、同四二年の夏から秋にかけて異常な渇水に見舞われ「大阪砂漠」の新聞見出しも現われて、下流側の水需要は切迫した事態となった。

建設省では、地元滋賀県と対立のままでは開発計画は前進しないとの判断に傾き、建設大臣保利茂は大臣就任直後の同四二年一二月、湖中ダム案の撤回を示唆した。

次いで建設大臣保利は、翌年七月二日には湖中ダム案を撤回することを正式表明した上で、同月中に滋賀県を訪れ知事野崎と会談した。

「湖中ダム案を撤回し、全湖利用案に切り替えたい。利用水深をマイナス二メートルくらいにしたい。今後実施調査の話し合いに入り、実施計画年次は可能な限り早くしたい」

建設大臣は新たな決意を強調した。これにより建設省と滋賀県は同じ円卓に座ることになり、琵琶湖総合開発は前進に向け新たな局面を迎えた。建設省が全湖利用案に傾いた直接の契機は以下のようである。昭和四三年度に実施計画調査費一億三〇〇〇万円が計上されたものの、この調査を行わないと予算が棚上げとなる。実施計画調査には県の負担金と知事の協力が不可欠だが、知事は湖中ダム案を撤回しない限り協力しないと明言していたので、同省は撤回を打ち出さざるを得なかった。昭和四四年に入って、琵琶湖開発の基本計画をめぐって、近畿地建と滋賀県の事務当局間に三つの対立点があることが明確となった。①利水幅について県ではマイナス一・五メートルまでを限度とするのに対して、近畿地建はマイナス二メートルを主張していること、②県が補償を改良復旧とするのに対して、近畿地建は原形復旧を主張していること、③総事業費について県が一九〇三億円としているのに対して、近畿地建は約一〇〇〇億円としていること、であった。

◆

四四年は日米安保条約改定の年を翌年に控えて大学紛争が激化した一年であった。政治的闘争や学園紛争が全国各地で続く中、佐藤内閣は六月、「新全総」（新全国総合開発計画）を閣議決定した。計画は過疎・過密や地域間格差の是正という当面の重要課題の解決を図りつつ、情報化時代に対応するため長期的視点（目標年次昭和六〇年）から国土利用の再編を考えるというダイナミックなものであった。その目標には時代の要請が色濃く反映していることがわかる。四つの目標は①自然を恒久的に保護すること、②開発の基礎条件を整備して開発の可能性を全国土に拡大均衡化すること、③地域の特性に応じて、それぞれの地域が独自の開発整備を推進し、国土利用を再編すること、④国民生活が不快と危険にさらされないように安全かつ快適で文化的な環境条件を整備すること、であった。巨大プロジェクトの目玉のひとつが「琵琶湖総合開発計画」であった。

高山ダム（京都府南山城村）

保利の後を受けた建設大臣坪川信三は、四四年度琵琶湖総合開発の基本計画策定と四五年度の総合開発事業着工の方針を打ち出した。坪川は同年四月一三日、京都府南山城村の高山ダム（重力式アーチ型）完成式への出席の途上、大阪府を訪れて知事左藤《さとう》義詮《ぎせん》から琵琶湖下流の意見を聞き、次いで六月一七日に基本計画の閣議了承を得て、早速同月二一日には滋賀県を訪れて知事野崎と会談した。この場でも、知事野崎は、利水幅や特別立法の問題などが解決していないとして次年度着工は現実的ではないとの否定的見解を示した。その後東京で開かれた両者の会談で、建設大臣坪川は琵琶湖総合開発を基幹事業と関連開発事業に分け、基幹事業（事業費五六〇億円）だけは四五年度から着工したいとの強い意向を示した。だが知事野崎は特別立法など基本的課題が未解決であることをあげて拒否する姿勢を崩さなかった。

建設省が早期着工にこだわったのは、下流の京阪神地域の水需要が増大して差し迫った状態が続いており早急に対処する必要があると判断したためである。一二月九日、建設省の要請を受けて大阪府知事左藤をはじめ大阪市長中島馨《かおる》や府会議長・阪神水道企業団代表らは、滋賀県庁に知事野崎を訪ね、①総合開発事業の特別立法化を積極支援する、②財政的協力も惜しまないとして、総合開発を一日も早く実施するよう強力に要請した。

一方、滋賀県側では、四四年五月一九日、琵琶湖治水会（全県五〇市町村で構成）が①利水幅マイナス二メートル反対、②治水・県内利水の優先、③地域開発の促進、④特別立法化などの要求を近畿地建に申し入れた。一一月一三日には、県町村議会議長会が滋賀会館に議員八〇〇人の出席を得て治水会と同様な決議を行ない県の方針を積極支援した。こうして四四年は近畿地建と滋賀県の間の溝は埋まらないまま暮れていった。

年が明けて四五年一月、滋賀県は企画部内に琵琶湖総合開発局を設置し総合開発推進の態勢を固めた。

「総合開発事業費の三分の二くらいは下流自治体・受益者が負担すべきである。その額はおよそ一〇〇〇億円である」

同年二月、知事野崎が記者会見で述べて記者団を驚かせた。初めての有額要求だった。

この間、琵琶湖は水質汚濁が深刻化して環境破壊の悪例となった。

我が歴史・文学そぞろ歩き～琵琶湖編～

三島由紀夫『絹と明察』

　三島由紀夫『絹と明察』（新潮社『三島由紀夫全集』）は、「戦後版女工哀史」として喧伝《けんでん》された近江絹糸《おうみけんし》（彦根市）の労働争議に題材をとっている。近江絹糸は第二次世界大戦後、急速に成長した紡績資本で、発展の基礎は労働基準法や人権を無視した劣悪な労働条件と旧態依然の労務管理にあった。そこに全繊同盟指導の新組合が生れ、昭和二九年（一九五四）六月四日、労働者は、宗教行事強制反対、信書開封・私物検査廃止、結婚・外出の自由など二二の要求を掲げて無期限ストに入った。会社側は強硬な姿勢をくずさなかったが、九月一六日、財界の調停と中労委の斡旋案により一〇六日に及ぶ争議は終わった。三島の作品群の中では労働争議をとりあつかったユニークな中編小説であるが、流血の惨事など労使間の対決のみを描いた作品ではない。経営者を「父親」、従業員を「子ども」ととらえる前近代的経営センスの社長の悲喜劇や愛欲さらには会社を手玉に取るブローカーの暗躍を描いて余すところがない。琵琶湖の光景や湖畔の名所旧跡の四季折々の風情が労働争議という暗い物語の中に明るさを点描している。

　ストライキ突入を決意した組合リーダーの青年・大槻の心境を、琵琶湖畔の高峻な山々に託している。

「或る日、大槻は琵琶湖畔に立って、湖

の対岸の山々を眺めた。岳山は蛇谷ヶ岳《じゃたにがたけ》と重なり、蛇谷ヶ岳は南のかなた武奈ヶ岳に連なって、けだかい比良の峯々の霞立つ山尾へつづいていた。山々の高低と濃淡が、見つめるほどに、彼の心の高低と濃淡をはっきりと示し、それが直に青空に接していることが、自分に対するのびやかな寛容を教えた。

湖上を渡ってきて、彼のはだけたシャツの胸にまともに吹きつける五月の風、これを弘子（大槻の恋人）の蝕《むしば》まれた胸へ贈ろう。この紫の幔幕のような祝典的な風は、たちどころに彼女の胸を癒すだろう。スパイを前にして彼の考えた（駒沢社長への感謝と激励の文面を思い出そう。あの言葉一つ一つにこもる偽善は、この五月の風のように明快ですばらしく、もしそれを書き送れば、社長は涙を流して読むだろう。大槻は自分の一挙手一投足が、かつては解きがたくもつれて腐りかけていた事物の、すべてを癒すように感じた。自分の手はあの山々の麓の若葉の、風にまつわる青くさい匂いをも癒すだろう。彼は深夜業の苦痛を癒すと共に、頭上にひろがるこの救いがたい青空をも癒すだろう。船着きの外れにひろがる葭《よし》のあいだで、葦切《よしきり》が小まめに囀《さえず》っている。

……」

次いで、大槻と新妻弘子（組合員）との新婚旅行のスケッチである。

「あくる日快晴の午後を、二人（大槻と弘子）は石山寺の見物にゆっくりとすごした。石山寺は一二〇〇年の昔、良弁僧正の開基になる名刹《めいさつ》で、その本堂には、結縁、安産、福徳の霊験あらかたな秘仏を祭り、数知れず供えられた安産御礼の供米を若い夫婦は言いがたい思いで眺めた。(中略)弘子がここで永い感慨に沈まずに、紫式部の源氏の間を、早く見に行こうと言い出したので、大槻は心が明るくなって、そのほうへ廊下をいそいだ。そのくせ大槻は、紫式部などには何の興味もなかった。

しかし、源氏物語が書かれたという伝説のその部屋は、廊下より一段低い陰気な小部屋で、明りを取るには華頭窓《かとうまど》がひとつあるきりである。こんな労働条件のひどさに弘子はがっかりして、『よくこんな暗い部屋で小説が書けたもんだは』と呟《つぶや》いた。

それがいかにも座敷牢を思わせるところから、もし伝説が真実で、ここであの長い物語が書かれたことが本当なら、紫式部は狂気だったのでないかと大槻は想像した。……」。

第7話
特別措置法案、対立を乗り越え国会提出へ

政府と滋賀県の膠着状態打開へ

琵琶湖総合開発事業は、昭和四五年（一九七〇）度の政府予算折衝で、三億円の実施計画調査費（建設省、現国土交通省、以下省庁はすべて当時）と一億円の事業費（水資源開発公団、現水資源機構）が認められたことから、四五年度中の着工が確実な情勢となった。だが地元滋賀県はこの巨大プロジェクトに対する政府と県の基本的合意ができていない段階で、基幹事業を強行するのは承服できないとして態度を硬化させた。膠着《こうちゃく》状態を打開するためには、事務当局の判断を越えた「政治的決断」が不可避な情勢となった。

事態を重く見た政府与党の自民党は、四五年四月党の政務調査会近畿圏整備委員会の中

琵琶湖から望む比叡山の夕景（びわ湖ビジターズビューロー提供）

に琵琶湖総合開発小委員会を設置した。地方の総合開発事業をめぐって小委員会が与党内に設けられるのは異例のことであった。委員には、滋賀・京都・大阪・兵庫各選挙区選出の国会議員に加えて、山内一郎（建設省出身）、上田稔（同）、林田悠紀夫（農林省出身）ら公共事業に精通した参議院議員も参加した。委員長には河川局長・事務次官経験者である山内一郎が就任した。小委員会は上下流の府県から基本的方針や水需要などに関して精力的にヒヤリングを行い、続いて建設、厚生、農林、通産、運輸、自治の関係省から基本方針の報告を受けた。四六年度予算折衝を前に、一二月小委員会は「琵琶湖総合開発に関する基本的な考え方」を発表した。

「琵琶湖総合開発に関する基本的な考え方」

（前文略）

○琵琶湖総合開発事業

開発目標年次を昭和五五年（一九八〇）として次の事業を行う。（注：一〇年間の継続事業）

①淀川水系における琵琶湖周辺域の洪水、湛水《たんすい》被害を解消するために必要な治山治水事業および水源の保全かん養に資する造林事業。

②琵琶湖およびその周辺の水資源開発事業。

③琵琶湖の水資源を有効に開発利用するために必要な上水・工水・水道や土地改良等の利水事業。

④湖周辺地域の自然環境保全施設、道路（周遊道路を含む）、港湾事業。

⑤琵琶湖の水質を保全する流域下水道事業。

⑥水辺を利用する大規模レクリエーション施設等の事業。

○事業実施に伴う特別財政措置等

①国は、事業実施に必要な財源確保に努めるとともに関係地方公共団体の負担軽減について特別の助成措置を講ずる。

②下流地域の関係地方公共団体については、開発事業のもたらす広範囲な効果に対し、応分の負担を行うものとする。
③水産業等の補償については、将来の生活再建措置等十分な対策を講ずる。

○総合開発事業の推進

琵琶湖総合開発事業は広範多岐にわたる大規模事業である。このため水資源開発公団の充実強化を図るとともに次の事項について検討を行うものとする。
①関係各省庁にわたる計画の一元性と総合一体的な事業の推進体制。
②新しい制度による事業主体の設置。

各省庁間の「縄張り争い」に警告を発し、政府が一体となって取り組む姿勢を強調している。小委員会の結論によって政府は、琵琶湖総合開発の明確な指針(大枠)を与えられ、早速具体案の検討に入った。一二月二八日、次年度の政府予算案編成にあたって、大蔵・建設・自治・経済企画(経企)の関係省庁の事務次官と近畿圏整備本部次長は「琵琶湖総合開発についての申し合せ」を行った。

「琵琶湖総合開発についての申し合せ」

①近畿圏における琵琶湖の役割にかんがみ、琵琶湖及び周辺地域の総合的な開発並びに下流地域の水需要に見合う水資源開発を図るものとする。
②このため、総合開発事業の内容、事業実施に伴う国及び下流地域の関係地方公共団体による財源措置並びに総合開発事業の推進体制等について早急に関係各省庁間において検討するものとする。
③下流地域の水需要に見合う水資源開発事業については、上記検討結果に基づき、滋賀県と十分調整のうえ、着工するものとする。

この段階から、総合開発関係の窓口を近畿圏整備本部とすることも確認された。「舞台は政治の場から再び行政の場に移った」（『淡海よ永遠に』）かに見えた。近畿圏整備本部は近畿地方の社会資本整備を推進するため昭和三八年（一九六三）に総理府内に設置され、同四九年に廃止されて国土庁に事務引き継ぎされた。本部長は閣僚が兼務した。

参考文献：『淡海よ永遠に』、『滋賀県史　昭和編』、大阪府・京都府・兵庫県関連資料、㈱水資源機構関連文献、筑波大学附属図書館所蔵資料

特別措置法案が閣議決定

四五年一一月、滋賀県知事の任期満了に伴う選挙が行われ、現職野崎欣一郎が再選された。この間、琵琶湖の水質悪化が深刻な社会問題となり、知事選挙でも琵琶湖の保全を開発に優先させる方針が公約に掲げられた。その具体的成果として一二月四日に「琵琶湖総合開発に関する基本的態度」が公表された。事業方針として、環境保全、治水、利水の三本柱と共に「モデル事業」として大規模公園都市、流域下水道、臨水性大規模レクリエーション基地の四つを挙げて、新琵琶湖公社の設置、県および市町村等の負担軽減、下流負担、管理体制等を国に要求している。昭和四六年も政府関係省庁と近畿圏整備本部それに滋賀県との意見調整が時間に追われるように続いた。法案作成は待ったなしの段階にまで差し掛かったのである。

昭和四七年(一九七二)に入り、琵琶湖総合開発は法案作成に向けて大詰めを迎えた。一月五日、大蔵省は経企庁要求の琵琶湖総合開発事業費を前年のゼロから一挙に二五億円(復活折衝で三〇億円に増額)を内示し、同月九日自民党総務会では特別法案の法制化が採択された。予断を許さない事態に対処するため、滋賀県では同月一八日、琵琶湖総合開発東京本部(本部長副知事河内義明以下二八人)を東京都千代田区麹町三丁目徳永ビル五階に設置し、副知事を先頭に自民党をはじめ建設省や経企庁など関係省庁との折衝に万全を期することにした。県会議員や市町村議員も大挙して上京し東京本部に陣取った。

同月二一日、近畿圏整備本部次長朝日邦夫は総合開発連絡会議幹事会の席上、琵琶湖総合開発法案要綱を初めて公表した。骨子は、①国は滋賀県知事案に基づき総合開発計画を決める。②琵琶湖開発公社を設立する。③滋賀県は施設の維持管理に必要な経費を確保するため琵琶湖管理基金を設けることができる。④国の負担割合について特例を設ける。⑤滋賀県は下流地域の利水関係地方公共団体に負担金額の一部負担を求めることができる。との内容であった。滋賀県の構想を大幅に取り入れ、下流負担を明文化した点に特徴があった。この要綱に基づいて同整備本部は全文一三条・附則・別表で構成する「琵琶湖総合開発特別措置法案」を作成した。

この法案に対して、水資源開発施設を利用する者などの負担（第一一条）の企業者負担について通産省から、また琵琶湖開発公社の設置（第一二条）について建設省から異論が出され、成文化の過程で手直しされた。滋賀県側は下流負担の義務付け、公社・基金の設置などの表現が抽象的で弱いと指摘し要望書を提出した。

その後、内閣総理大臣が計画をつくる上で滋賀県知事に指示することができるとの条項を追加し、「開発公社」設立は自治省が別に構想中の公有地拡大推進法と重複するとの理由で除外された。環境整備を国の特別補助対象事業に含めるなどの修正も行われ、同法案は三月二八日閣議決定された。

◆

琵琶湖の総合開発のみをうたったこの特別措置法案は、当初二月一四日に閣議決定され二月中に国会に提出される予定であった。だが最終局面に至っても国と滋賀県は、利水幅と利水量をめぐって意見が対立したままであった。県は一貫して利水幅マイナス一・五メートルまで、利水量毎秒三〇立方メートルと主張してきた。淀川水系水資源開発基本計画の改定作業を進める経企庁が、昭和五五年の新規水需要毎秒七〇立方メートル中、琵琶湖から毎秒四〇立方メートル（利用幅マイナス二メートルまで）を採用したことから、滋賀県の不信感は増大し真正面から対立となった。

「県の要望が入れられぬ限り法案の見送りもやむを得ない」

国の対応に不満を募らせる知事野崎は三月八日の記者会見で強硬な姿勢を表明した。それでも大阪府や兵庫県など下流府県は、水位マイナス二メートル、毎秒四〇立方メートルの方針に固執した。国会法案提出の最後の閣議とされた三月一七日までには双方の歩み寄りの動きは見られず、「法案提出見送りやむなし」との判断も出された。その後、大阪府と滋賀県の非公式の折衝の結果、利水団体側の主導権を握る大阪府が「毎秒四〇立方メートル、マイナス二メートルが望ましいが、事態を解決するため水位問題を政府自民党に一任する」と歩み寄りを見せた。滋賀県側がこれに同調した結果、自民党小委員会は三月一七日、①開発水位は水利権量で毎秒四〇立方メートルとする。②標準低水位はマイナス一・五メートルとする。③補償対策は異常渇水時に万全を期するため、標準低水位以下〇・五メートルについて実施する。④異常渇水時の操作の方針については③の範囲で行うものとし速やかに打ち合わせる。との両者の主張の折衷案を作成した。二一日の小委員会では、標準低水位の基準について疑問が出され、③と④の標準低水位以下〇・五メートルについては下流府県がはっきりマイナス二メートルと明記すべきであるとしたのに対し、滋賀県側が反発し再度物別れに終わった。解決の糸口は失われたかに見えた。

　建設大臣西村英一は斡旋に入り、三月二七日大阪府黒田了一・兵庫県坂井時忠・滋賀県野崎欣一郎の三知事と建設省でトップ会談がもたれた。席上、建設大臣西村は、①開発水量は毎秒四〇立方メートル。②利用低水位（平常時の水位低下）はマイナス一・五メートル。③補償対策や工事は最大水位低下をマイナス二メートルと算定した基準で行う。④異常渇水時の処置については建設大臣が上下流関係者の意見を聞いたうえで決定する。との仲介案を提示した。兵庫県知事坂井はマイナス二メートルの明記を主張したが、説得されて妥協し、ようやく合意の運びとなった。特別負担金については、下流一五〇億円、

トップ会談（「毎日新聞」昭和47年３月27日付）

国一五〇億円、別に国から何らかの形で五〇億円、計三五〇億円を出すことが決められた。難航を続けた琵琶湖の水位問題はようやく結着にこぎ着けた。「火ダネを残して一応解決ということになった」（「産経新聞」三月二七日付）。

◆

事業費については、四七年二月一二日、大蔵省が原案を示したが、総額は三八三七億円で、滋賀県の最終案五二五九億円とは大きな隔たりがあった。その後、政府は閣議決定の段階で、補助率を引き上げ、湖西下水道し尿処理などを復活して総額四二五〇億円に増額した。その水準が以後も保持され、一〇か年計画の事業と事業費は衆議院で法案可決となった段階で次のようになった。負担内訳は、水資源開発公団補償費六一〇億円、国費一六九〇億円、滋賀県負担一〇九〇億円、受益者負担分四五四億円、市町村負担四二二億円（下流負担一五〇億円、補助かさ上げ分は未算入）である。事業費の額では湖周道路建設費と下水道整備が突出していた。同法案は閣議決定をみた上で開会中の国会に提案され、四月二一日衆議院建設委員会で建設大臣西村が提案理由の趣旨説明を行い審議に入った。

琵琶湖総合開発計画を理想論で語れば、関西経済の復権を図るためには琵琶湖の自然と水質の保全を図りつつ豊かな水を有効に利用することを目指し（下流の要求）、一方では巨大な貯水能力を生かして洪水災害を軽減すること（水源地の要求）が第一義と考えられた。同時に経済的に後進県であった滋賀県の躍進を願って「近畿は一つ」との認識の下に、上・下流を琵琶湖・淀川で結び「水社会共同体」意識に立脚して立案されたと言えよう。

『芭蕉句集』

『芭蕉句集』（日本古典文学大系、岩波書店）は、俳人松尾芭蕉（正保元年〔一六四四〕―元禄七年〔一六九四〕）の俳句（約一〇〇〇句）を春夏秋冬の季語に分けて紹介し解説している。江戸期を代表する俳聖は近江国と琵琶湖をこよなく愛し、その亡骸《なきがら》を琵琶湖畔からわずかに内陸に入った義仲寺《ぎちゅうじ》（現大津市馬場）に葬るよう遺言した。

〈春〉

大津絵の筆のはじめは何仏《なにほとけ》

（元禄四年正月大津での吟）

行春を近江の人とおしみけり

（元禄三年志賀辛崎での吟）

義仲寺（大津市馬場）

辛崎の松は花より朧《おぼろ》にて
（貞享二年大津での吟）

命二つの中に生たる櫻哉《かな》
（貞享二年甲賀郡水口での吟）

四方より花吹入れてにほの波
（元禄三年近江膳所《ぜぜ》での吟、「にほ」は水鳥の鳰《にお》）

〈夏〉

海ははれてひえふりのこす五月哉
（元禄元年琵琶湖畔での吟）

五月雨に鳰の浮巣を見に行かむ
（貞享四年琵琶湖畔での吟）

五月雨にかくれぬものや瀬田の橋
（元禄元年瀬田での吟）

此の宿は水鶏《くいな》もしらぬ扉《とぼそ》かな
（年次不詳大津での吟）

ほたる見や船頭酔ておぼつかな
（元禄三年瀬田での吟）

世の夏や湖水にうかぶ波の上
（元禄元年琵琶湖上での吟）

〈秋〉

石山のいしより白し秋のかぜ
（元禄二年現石川県の山中での吟）

名月や海にむかへば七小町
（元禄三年琵琶湖畔での吟）

名月はふたつ過ぎても瀬田の月
（元禄四年瀬田での吟）

三井寺の門たたかばやけふの月
（元禄四年義仲寺での吟）

鎖《じょう》あけて月さしいれよ浮み堂
（元禄四年浮御堂での吟）

病む雁の夜さむに落て旅ね哉
（元禄三年堅田での吟）

海士《あま》の屋は小海老《こえび》にまじるいとど哉
（元禄三年堅田での吟）

〈冬〉

かくれけり師走の海のかいつぶり

（元禄三年草津での吟）

少将のあまのはなしやしがの雪

（元禄二年大津での吟）

比良みかみ雪指しわたせ鷺《さぎ》の橋

（元禄三年大津での吟）

あられせば網代《あじろ》の氷魚《ひお》を煮て出さん

（元禄二年膳所での吟）

石山の石にたばしるあられ哉

（元禄二年か三年石山寺での吟）

百年《ももとせ》の気色《けしき》を庭の落葉哉

（元禄四年彦根・明照寺《めんしょうじ》での吟）

たふとがる涙やそめて散紅葉《ちるもみじ》

（同前）

第8話

特別措置法・成立、壮大な計画《デザイン》策定へ

全国にも例を見ない地域開発法

昭和四七年（一九七二）四月二一日、琵琶湖総合開発特別措置法案は、衆議院建設委員会で建設大臣西村英一が提案理由の説明を行い審議入りした。五月一六日、同委員会に四人の参考人が呼ばれ、このうち京都教育大学教授木村春彦（環境地学専攻）から「水質保全の観点から流域下水道の整備が急がれる」との見解が示され注目された。同月一九日、野党社会党（当時）が修正案と付帯決議案を提出した。その要旨は①目的の条に「水質汚濁の回復、関係住民の福祉」を加えて、「観光資源等の利用を合わせ増進する」を削除する。②計画の決定や変更にあたって公聴会の開催、関係市町村長からの意見聴取などで、他に水質保全に関する六項目の付帯決議案を付していた。法案は二四日の建設委員会で、二五日の本会議でそれぞれ可決され参議院に送られた。

参議院では五月三〇日建設委員会で審議されたが、建設大臣西村は琵琶湖岸を走る湖周道路や観光レジャーセンターの建設に疑問を表明した。計画案の一部に所管大臣が否定的見解を述べるのは異例なことであり、事務当局は大臣の発言に沿った修正を余儀なくされた。同法案は六日建設委員会で、九日に本会議でそれぞれ可決され、琵琶湖総合開発特別措置法は難産の末にようやく成立した。特別措置法は本文一二条・附則・付表からなっている。特別措置法を地元滋賀県が作成した法案要綱と比較すると①自然環境の保全と水質回復が強調されたこと。②事業の中に下流地域における水需要に対応する琵琶湖の水資源開発が明文化されたこと。③計画決定の手続きが複雑化し、総理大臣の権限が強化されたこと。④生活再建のための措置が入り、琵琶湖開発公社が取り除かれ、下流利水団体の負担は義務規定ではなく任意規定になったことなどの変更があった。

「この法律は全く新しい手法を用いた全国にも例を見ない地域開発法である」

滋賀県知事野崎欣一郎は法案の成立を高く評価した。特別立法という形で琵琶湖の総合開発を目指した法律は、下流の京阪神地域から要請された水資源の大規模開発にその原点を置きながら新たな構想による画期的なものであった。国内の水資源開発のあり方に方向性を示した意味でも前例のない立法措置でもあった。翌四八年に制定された水源地域対策特別措置法（水特法）の先駆けをなす法律でもあった。水特法は国がダム等の建設を促進する際、水源地域の生活環境や産業基盤等の計画的な整備の推進により、立退きや宅地建物の水没を余儀なくされる住民の生活安定と福祉向上を図り、水資源の開発と保全に寄与することを目的としている。水需要が高まる中で、水源地に配慮した政治判断と言えよう。

参考文献：『淡海よ永遠に』、『滋賀県史　昭和編』、大阪府・京都府・兵庫県関連資料、㈱水資源機構関連文献、筑波大学附属図書館所蔵資料

◆

同四七年、近未来の国土計画の夢を描いた超ベストセラーが出現した。田中角栄著『日本列島改造論』（日刊工業新聞社）である。同書の「序にかえて」で著者田中は言う。「水は低きに流れ、人は高きに集まる。（中略）明治百年（昭和四三年、一九六八年）をひとつのフシ目にして、都市集中のメリットは、いま明らかにデメリットに変わった。国民がいまなによりも求めているのは、過密と過疎の弊害の同時解消であり、美しく、住みよい国土で将来に不安なく、豊かに暮らしていけることである。そのためには都市集中の奔流を大胆に転換して、民族の活力と日本経済のたくましい余力を日本列島の全域に向けて展開

することである。工業の全国的な再配置と知識集約化、全国新幹線と高速自動車道の建設、情報通信網のネットワークの形成などをテコにして、都市と農村、表日本と裏日本の格差は必ずなくすことができる。」

「また、ひらかれた国際経済社会のなかで、日本が平和に生き、国際協調の道を歩きつづけられるかどうかは、国内の産業構造と地域構造の積極的な改革にかかっているといえよう。その意味で、日本列島の改造こそは今後の内政のいちばん重要な課題である。私は産業と文化と自然が融和した地域社会を全国土におし広め、すべての地域の人びとが自分たちの郷里に誇りをもって生活できる日本社会の実現に全力を傾けたい。（以下略）」

同年六月初版が刊行されわずか二か月後の八月には実に八版が発行された。政治家の著作としては空前のベストセラーとなった。同書は総理の座に挑む自民党実力者田中角栄と関係省庁の官僚らの合作であった。後に滋賀県知事になる自治省（当時）官僚武村正義も本書にうたわれた「改造論」の発案者の一人であった（『武村正義回顧録』〈岩波書店〉）。

◆

特別措置法の国会成立後、滋賀県は同年三月の建設大臣・大阪府知事・兵庫県知事によるトップ会談で合意した総事業費四二六六億円をもとに独自の計画案を作成した。これを基に近畿圏（大阪府・兵庫県）や建設・農水など関係省庁との折衝を続けて、「琵琶湖総合開発計画」の原案をまとめていった（琵琶湖総合開発計画は、滋賀県知事が立案して国に提出することになっている。通常の地域開発法では、その地域の総合行政を担当している都道府県知事が計画を立案するのが普通である。同総合開発計画では、二つ以上の府県にまたがって利害関係にあるものを一つの県知事が立案し、しかも直接他府県知事に意見を聞くとの特例的な経緯を経る形をとっている。滋賀県にイニシアティブを与えているのである）。

滋賀県では同年九月一一日と一二日、彦根市と大津市で公聴会を開いた。公聴会では原案を支持する意見が多かったものの漁民などから不安の声が上がった。公聴会の回数や時間が足りない、拙速であるとの批判も出された。

この間、新たな問題になったのが京都府への意見聴取であった。滋賀県は、特別措置法の成立の経緯から判断して、法律の関係府県は大阪府と兵庫県だけであると解釈していた。ところが京都府は、琵琶湖疏水から取水している飲料水の悪臭問題（「臭い水問題」）以来、琵琶湖の水質に強い関心を示し、京都市や宇治市が滋賀県に琵琶湖の水質維持に努力するよう要望書を提出したこともあった。総合開発事業についても、京都府は非公式ながら水質保全優先の見地に立って批判的な姿勢を強めていた。

「京都府も特別措置による関係府県ではないのか」

知事蜷川《にながわ》虎三は滋賀県事務当局に詰め寄った。京阪神地域の中で京都府だけを「除けもの扱い」にすることに強い不満を抱いたのである。しかしながら滋賀県は京都府の意向に理解を示さなかった。「革新府政」を標榜《ひょうぼう》する学者知事蜷川は五期目に入って盤石の政治基盤を構築していた。京都府は、水資源開発公団の事業のうち治水負担分の関係府県として京都府が入ることを上げ、滋賀県との交渉の際に特別措置法の関係府県に加えるのは当然であると主張した。政府は近畿圏整備本部（本部長・建設大臣）が中心となって滋賀県の説得にあたった。滋賀県は、事情は了解したとしながらも県から意見を聞くことは出来にくいとして依然として難色を示した。「革新府政」知事蜷川と「保守王国」知事野崎の間には感情的な軋轢《あつれき》もあった。やむなく近畿圏整備本部から京都府に意見聴取の文書が送られ、一二月一五日に京都府から意見書が出された。こうして四七年一二月二二日、内閣総理大臣田中角栄によって琵琶湖総合開発計画が正式に決定された。

壮大な計画《デザイン》の概要

壮大な計画の概要を紹介する。計画の目標は「琵琶湖の恵まれた自然環境の保全と汚濁しつつある水質の回復を図ることを基調とし、その資源を正しく有効に活用するため、琵琶湖及びその周辺地域の保全・開発及び管理についての総合的な施策を推進することにより関係住民の福祉と近畿圏の健全な発展に資することにある」としている。特に総合的な水質保全対策を重視している。計画期間は昭和四七年度から同五六年度までの一〇年間である。

　事業計画では、琵琶湖治水及び水資源開発・河川・ダム・砂防・下水道・し尿処理・水道・工業用水道・土地改良・造林及び林道・治山・都市公園（湖岸緑地）・自然公園施設・自然保護地域公有化・道路・港湾・水産・漁港の一八事業があげられ、そのうち治水及び水資源開発事業が基幹事業で水資源開発公団（現水資源機構）が実施し、その他の一七事業が地域開発事業で国・県・市町村などが実施する。

　基幹事業は、常時満水位（ダムの計画において非洪水時に貯留することとした流水の最高水位）を基準水位プラス三〇センチメートル、利用低水位をマイナス一・五メートルとし、新規開発水量最大毎秒四〇立方メートルの供給を可能にし、計画高水位プラス一・四メートル（一〇〇年確率）として治水のため湖岸堤（天端《てんば》（堤防上部）幅五・五メートル、延長約五キロ）、管理道路との兼用堤（天端幅一五メートル、延長約四五キロ）を築造する他、内水排除（排水ポンプ）、流入河川改修（一三河川に背水堤（計画高水位より高い堤防））、瀬田川浚渫《しゅんせつ》（ゼロ水位で毎秒八〇〇立方メートル放流を可能とする）、洗堰改修、南湖周辺浚渫を行い、マイナス二メートル基準で補償をする。総事業費は七二〇億円（うち工事費二八一億円）である。

地域開発事業では、流域・公共下水道(四ブロック、五九〇億円)、土地改良(用排水改良や圃場整備、五四一億円)、湖周道路(六二八億円)、四一河川の洪水防御(四七三億円)などが大事業である。新規事業としては、大津湖南・彦根長浜地域の都市公園(湖岸緑地)、自然公園、自然保護地域公有化が盛り込まれた。

保全を優先する開発が可能であろうか、開発先行ではないか、との疑問は計画の作成時から提示された。四八年秋にはオイル・ショックが日本列島を襲い、日本経済は大混乱に陥った。京阪神地方の学者、弁護士、労働運動家らを中心に、琵琶湖の汚濁防止の立場から総合開発反対の運動が展開され始め、昭和五一年(一九七六)には琵琶湖総合開発計画工事差止請求訴訟へ発展するのである。

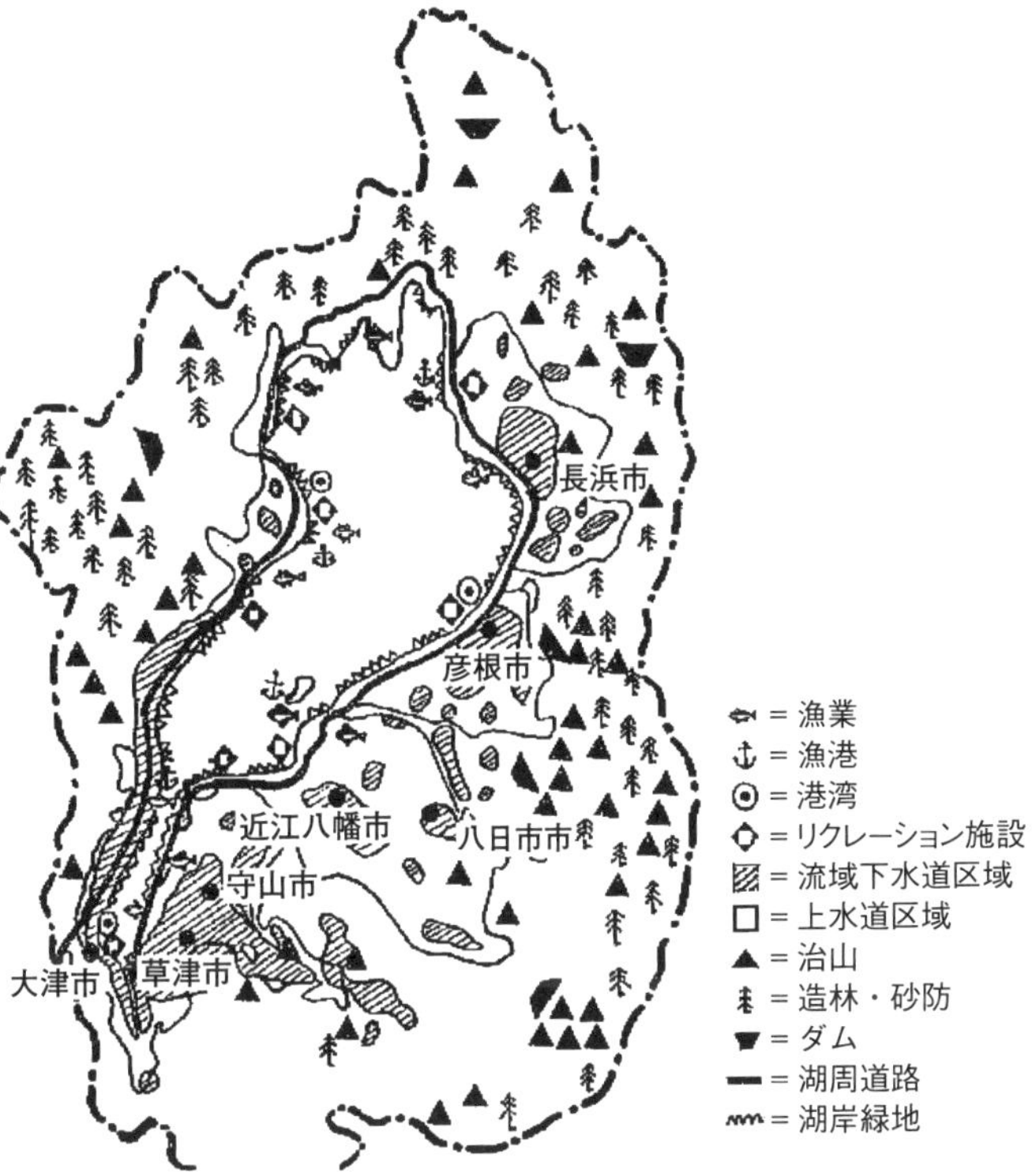

琵琶湖総合開発事業略図（「中日新聞」昭和47年9月11日付）

〈資料〉琵琶湖総合開発特別措置法

琵琶湖総合開発特別措置法

昭和四七年六月一五日公布

（目的）

第一条　この法律は、琵琶湖の自然環境の保全と汚濁した水質の回復を図りつつ、その水資源の利用と関係住民の福祉とをあわせ増進するため、琵琶湖総合開発計画を策定し、その実施を推進する等特別の措置を講ずることにより、近畿圏の健全な発展に寄与することを目的とする。

（琵琶湖総合開発計画の内容）

第二条　琵琶湖総合開発計画は、次に掲げる事項について定めるものとする。

一　琵琶湖及びその周辺地域の保全及び開発に関する基本的な方針。

二　前号の方針に基づき実施すべき次の事項の概要。

イ　琵琶湖の洪水から防御すべき地域の保全上重要な治水事業。

ロ　琵琶湖の水質の保全上重要な下水道及びし尿処理施設の整備に関する事業。

ハ　淀川の下流地域における水の需要に対応する琵琶湖の水資源の開発のための事業。

ニ　琵琶湖から取水する水道、工業用水道及び農業用用排水施設の整備に関する事業。

ホ　琵琶湖の流域内の森林に係る造林及び保育事業、林道の開設及び改良の事業並びに治山事業。

へ　琵琶湖の湖辺に設けられる都市公園及び自然公園の保護又は利用のための施設の整備に関する事業並びに琵琶湖の景観又は自然環境維持上重要な土地の保全のためにする当該土地の取得に関する事業。

ト　琵琶湖における観光又はレクリエーションのための資源の開発に寄与する道路及び港湾の整備に関する事業。

チ　琵琶湖の水産資源の保護培養及び開発のための事業、琵琶湖の周辺地域に設けられる琵琶湖産の水産物の流通及び加工の施設の整備に関する事業並びに琵琶湖における漁港の整備に関する事業。

リ　その他前条の目的を達成するために必要な政令で定める事業。

2　琵琶湖総合開発計画は、琵琶湖の水質の保全及び汚濁した水質の回復について適切な考慮が払われたものでなければならない。

3　琵琶湖総合開発計画は、全国総合開発計画、近畿圏整備計画、中部圏開発整備計画、淀川水系に係る水資源開発促進法第四条第一項の規定による水資源開発基本計画及び河川法第十六条第一項の規定による工事実施基本計画その他琵琶湖及びその周辺地域の保全及び開発を有する国の計画との調和が保たれたものでなければならず、かつ、第一項第二号ハの事業の琵琶湖における水産業に及ぼす影響について適切な考慮が払われたものでなければならない。

(琵琶湖総合開発計画の決定及び変更)

第三条　滋賀県知事は、琵琶湖総合開発計画の案を作成し、これを近畿圏整備長官を通じて内閣総理大臣に提出するものとする。この場合において、琵琶湖総合開発計画の案の作成については、滋賀県知事は、あらかじめ、公聴会を開催してその住民の意見を聞き、かつ、当該県の関係市町村長の意見を聞くとともに、当該県の議会の議を経なければならない。

2 前項の琵琶湖総合開発計画の案の作成については、滋賀県知事は、あらかじめ、関係府県知事の意見を聞かなければならない。この場合において、関係府県知事は、その意見を述べようとするときは、あらかじめ、当該府県の関係市町村長の意見を聞かなければならない。

3 内閣総理大臣は、必要があると認めるときは、関係行政機関の長と協議の上、滋賀県知事に対し、琵琶湖総合開発計画の案の作成上準拠すべき事項を指示することができる。

4 内閣総理大臣は、第一項の規定により提出された案に基づき、琵琶湖総合開発計画を決定するものとする。この場合において、内閣総理大臣は、あらかじめ、近畿圏整備審議会の意見を聞くとともに、関係行政機関の長に協議しなければならない。

5 内閣総理大臣は、琵琶湖総合開発計画を決定したときは、これを関係行政機関の長及び滋賀県知事その他関係府県知事に送付するものとする。

6 琵琶湖総合開発計画は、情勢の推移によりこれを変更することが適当であると認められる事態になったときは、変更することができる。

7 第一項から第五項までの規定は、琵琶湖総合開発計画を変更する場合について準用する。

（年度計画の決定）

第四条 滋賀県知事は、毎年度、その年度の開始前までに、琵琶湖総合開発計画に基づく当該年度の各事業（政令で定める事業を除く）の実施に関する計画（以下「年度計画」という）の案を作成し、これを近畿圏整備長官を通じて当該各事業に関する主務大臣に提出するとともに、関係行政機関の長に送付するものとする。

2　滋賀県知事は、前項の規定により第十一条第一項の規定に基づきその経費の一部を負担すべき地方公共団体が定められている事業に係る年度計画の案を主務大臣に提出したときは、遅滞なく、これをその地方公共団体に送付するものとする。

3　近畿圏整備長官又は関係行政機関の長は、必要があると認めるときは、第一項の規定により提出され又は送付された案に関し、主務大臣に（関係行政機関の長にあっては、近畿圏整備長官を通じて主務大臣に）意見を述べることができる。

4　第一項の主務大臣は、同項の規定により提出された案に基づき、年度計画を決定するものとする。

5　第一項の主務大臣は、年度計画を決定したときは、これ近畿圏整備長官及び関係行政機関の長並びに滋賀県知事に送付するものとする。第十一条第一項の規定に基づきその経費の一部を負担すべき地方公共団体が定められている事業に係る年度計画については、その地方公共団体に対しても、同様とする。

（事業の実施）

第五条　琵琶湖総合開発計画に基づく事業（以下「総合開発事業」という）は、この法律に定めるもののほか、当該事業に関する法律（これに基づく命令も含む）の規定に従い、国、地方公共団体、水資源開発公団その他の者が実施するものとする。

（協力及び勧告）

第六条　関係行政機関の長、関係地方公共団体及び関係事業者は、琵琶湖総合開発計画の実施に関し、できる限り協力しなければならない。

2　内閣総理大臣は、琵琶湖総合開発計画の実施に関し勧告し、及びその勧告によって採られた措置その他琵琶湖総合開発計画の実施に関する状況について報告を求めることができる。

3　関係行政機関の長は、必要があると認めるときは、内閣総理大臣に対し、前項の規定による勧告をすべきことを要請することができる。

（生活再建のための措置）

第七条　総合開発事業を実施する者は、当該事業の実施によって土地に関する権利、漁業権その他の権利に関し損失を受けたため生活の基礎を失うことになる者について、その受ける補償と相まって次に掲げる生活再建のための措置が実施されることを必要とするときは、その者の申出に基づき、事情の許す限り、当該生活再建のための措置のあっせんに努めるものとする。

一　土地又は建物の取得に関すること。

二　職業の紹介、指導又は訓練に関すること。

（国の負担又は補助の割合等の特例）

第八条　総合開発事業のうち別表に掲げる事業に係る経費に対する国の負担又は補助の割合（以下「国の負担割合」という）は、他の法令の規定にかかわらず、同表に定める割合の範囲内で政令で定める割合とする。

2　前項に規定する事業に係る経費に対する他の法令の規定による国の負担割合が、同項の政令で定める割合をこえるときは、当該事業に係る経費に対する国の負担割合については、同項の規定にかかわらず、当該他の法令の定める割合による。

3　第一項に規定する事業に係る経費につき前二項の規定による国の負担割合により国が負担し又は補助する場合における国の負担金若しくは補助金の交付又は地方公共団体の負担金の納付については、他の法令の規定にかかわらず、政令で、必要な特例を定めることができる。

（国の普通財産の譲渡）

第九条　国は、総合開発事業の用に供するため必要があると認めるときは、その事業に係る経費を負担する地方公共団体に対し、普通財産を譲渡することができる。

（国の財政上及び金融上の援助）

第十条　国は、前二条に定めるもののほか、琵琶湖総合開発計画を達成するために必要があると認めるときは、総合開発事業を実施する者に対し、財政上及び金融上の援助を与えることができる。

（水資源開発関連事業についての負担の調整等）

第十一条　総合開発事業（第二条第一項第二号ハの事業を除く）、琵琶湖の湖岸及び湖底の清掃及び整地その他これらに類する琵琶湖の維持管理の事業並びに琵琶湖及びその周辺地域の保全及び開発に寄与する施設で当該地域に存するものの維持管理の事業のうち、総合開発事業たる第二条第一項第二号ハの事業（以下この条において「水資源開発事業」という）の実施により琵琶湖及びその周辺地域について生ずべき不利益（水資源開発事業を実施する者による損失補償の対象になるものを除く）を補う効用を有する事業で、その事業に係る経費の全部又は一部を当該地域の全部又は一部をその区域に含む地方公共団体が負担するもの（政令で定めるものに限る）については、当該地方公共団体は、政令で定めるところにより、次に掲げる地方公共団体と協議し、その協議によりその負担する経費の一部をこれに負担させることができる。

一　水資源開発事業により生じた施設を利用して河川の流水を水道又は工業用水道の用に供し、又は供することが予定されている地方公共団体。

二　次に掲げる区域の全部又は一部をその区域に含む地方公共団体（前項に掲げるものを除く）。

イ　前号の施設を利用して河川の流水をその用に供する水道で水道法第三条第二項に規定する水道事業の用に供するものの給水区域又は給水予定区域。

ロ　前号の施設を利用して河川の流水をその用に供する水道で水道法第三条第四項に規定する水道用水供給事業の用に供するものの給水対象事業者が設置する水道の給水区域又は給水予定区域。

ハ　前号の施設を利用して河川の流水をその用に供する工業用水道で工業用水道事業法第二条第四項に規定する工業用水道事業の用に供するものの給水区域又は給水予定区域。

2　近畿圏整備長官、厚生大臣、通商産業大臣及び自治大臣は、前項の規定による負担に関し、関係当事者のうち一以上の申出に基づき、あっせんすることができる。

3　第一項の規定による協議が成立した場合においては、関係当事者は、遅滞なく近畿圏整備長官、厚生大臣、通商産業大臣及び自治大臣その他その協議に係る事業に関する主務大臣に対し、その協議が成立した事項を報告しなければならない。ただし、前項のあっせんに基づきその協議が成立した場合には、近畿圏整備長官、厚生大臣、通商産業大臣及び自治大臣に対しては、この限りではない。

4　第一項各号に掲げる地方公共団体は、琵琶湖及びその周辺地域の全部又は一部をその区域に含む地方公共団体で総合開発事業（水資源開発事業を除く）を実施するものに対し、当該事業の実施に必要な資金を融資することができる。

（琵琶湖管理基金）

第十二条　琵琶湖及びその周辺地域の全部又は一部をその区域に含む地方公共団体は、琵琶湖の湖岸及び湖底の清掃及び整地その他これらに類する琵琶湖の維持管理の事業並びに琵琶湖及びその周辺地域の保全及び開発に寄与する施設で当該地域に存するものの維持管理の事業の適正かつ円滑な実施を図るため必要があると認めるときには、地方自治法第二百四十一条の基金として、琵琶湖管理基金を設けることができる。

（附則、別表は省略）

第9話

水公団へ事業継承、漁業補償 そして武村革新県政誕生

建設省から水公団へバトンタッチ

「本日で、世紀の大事業はひと区切りを迎えた。これからの一〇年で世紀の大事業が計画通り完成できるよう万難を排して御尽力願いたい」

建設大臣（現国土交通大臣）金丸信《かねまるしん》は水資源開発公団（現水資源機構、以下水公団）総裁柴田達夫に緊張した表情で語りかけた。昭和四八年（一九七三）三月一日、東京・霞ヶ関の建設省大臣室で、琵琶湖総合開発計画の事業継承のための「引継書」が、建設大臣金丸と水公団総裁柴田との間で交わされた。大臣が引継書にまず筆をとって署名し、つづいて公団総裁が署名した。この連絡を受けて、大阪の建設省近畿地方建設局（現近畿地方整備局、以下近畿

静寂に包まれる冬の琵琶湖（高島市新旭町）

地建）では、局長川上賢司と水公団関西支社長寺《てら》師《し》英雄《ひでお》との間で「引渡書」が交わされた。同日、水資源開発公団法第二三条第三項の規定に基づいて、琵琶湖開発施設が特定施設として公示された。同月末、総合計画に向けた調査を続けてきた大津市にある近畿地建琵琶湖工事事務所から水公団琵琶湖開発事業建設部に調査結果など重要書類の引き渡しが行われた。琵琶湖開発事業は、名実ともに建設省から水公団へとバトンタッチされたのである。

琵琶湖総合開発特別措置法の中には、基幹事業（琵琶湖開発事業）という文言は出てこない。下流地域に対する水資源開発を水公団が実施すべきことも触れていない。だが首都圏を対象とする利根川開発と近畿圏を対象とする淀川開発を第一の目的として設立された水公団が、淀川水系水資源開発の中核となる琵琶湖の開発を手掛けるのは当然のことであった。水公団が実施する水資源開発は国の立場で立案し関係府県の利害を調整して進められるのである。基幹事業費は特別措置法の成立時点では七二九億円で、事業は治水目的と利水目的の両方を含んでいた。建設省や大蔵省など関係省庁や滋賀県・大阪府など地元自治体の意見調整の結果、最終的には治水二〇・一％、利水七九・九％と利水目的に重点が置かれた。

この間、琵琶湖を水源とする淀川下流の大阪府や兵庫県では、水道水が「カビ臭い」「お茶もいれられない」との苦情電話が水道局に殺到していた。夏場はパニック状態に陥った。各地の水道局では浄水場の水に活性炭を大量に投入した。だが大きな効果は上げられずお手上げの状態だった。「臭い水」はフォルミディウムとシネドラの二種類のプランクトンの異常繁殖が原因であった。その後、毎年のように赤潮が発生した。その不気味な色は琵琶湖の水質が最悪の事態となっていることを象徴していた。

参考文献：『淡海よ永遠に』、『滋賀県史　昭和編』、池見哲司『水戦争、琵琶湖現代史』、朝日新聞・京都新聞関連記事、㈱水資源機構関連文献、筑波大学附属図書館所蔵資料

優先された漁業補償

近畿地方では空前と言える大型プロジェクトの開始を目前に控えて、水公団では、昭

和四七年一〇月一日、準備室を大阪市東区（現中央区）今橋二丁目七番地の関西支社内に設置した。室長：相原信夫（技術系）、職員総計は一三人であった。次いで翌四八年三月一日、関西支社から移転して、大津市京町四丁目三番五号の滋賀県農協会館内に琵琶湖開発事業建設所を設置した。間借りである。所長：相原信夫、副所長：田中輝男で、職員二四人、臨時職員二人、総計二六人であった。

さらに一か月後の四月一日、大津市御陵町三番六号に開発事業建設所を改組して開発事業建設部を設置した。部長：相原信夫、次長：田中輝男・早野豊、庶務課長：加藤保、経理課長：加藤保、第一用地課長：後藤脩二、第二用地課長：三輪二良、調整課長：早野豊、調査設計課長：今村堯一、工務課長：西尾千代実で、職員三六人、臨時職員五人、総計四一人。南隣に大津市役所、北隣に大蔵省大津財務事務所があった。官庁街の一角に「前線本部」を構えたのである。工事が本格化するにつれて職員数は増加して行く。大事業の本格化に先立って何よりも優先されたのが漁業補償であった。

◆

水公団では、湖水位低下により影響を受ける養殖場などの水産施設に対する対策費用の支出と、湖水位変動による減産補償を行うことになる。同時に漁業近代化のため、四漁港の整備が計画された。これは水位低下対策として水公団から支出される補償と合併して改良施工されるもので、公団事業と密接な関連があった。漁業損失補償の交渉協議は、水公団と琵琶湖内で漁業権等に基づき漁業操業を行っている五〇の漁業協同組合と一生産組合から委託を受けた漁連（滋賀県漁業協同組合連合会）との間で続けられた。

昭和四八年一〇月二六日、滋賀県大津市の水産会館において、漁連副会長をはじめ関係役員一同と滋賀県からは農林部長、水産課長、水政課長等、また水公団からは関西支社総務部長、用地課長、開発事業建設部は部長、次長、関係課長等の関係者による第一回の交渉が始まった。県からは、漁業者の生活再建と水産資源維持対策に十分配慮するよう要望があり、漁連からは「本来開発事業には絶対反対であるが、特別立法等の措置により漁業者への対応がやや進展したので交渉のテーブルに着いた」との説明があった。水公団は、県水政審議会の決議、特別立法の付帯決議、漁連の決議を尊重し、漁業者の納得できる補償をせよとの要望をくんで、今後誠意をもって交渉することで、被補償者側においても事業の推進に協力するよう要請した。

第二回は、同年一一月一二日に交渉の進め方等について協議が行われ、その後も精力的に交渉は続いた。だが四九年八月三日の第二九回には漁連から交渉決裂を宣言された。「公団とは今日まで交渉を重ねてきたが、いくら誠意があるとしても現行の基準の枠内でのことで、これでは我々の生活再建は図れない、これ以上の交渉は無駄である」。交渉打ち切りを宣言して退場した。

一時中断した交渉協議は、その後五〇年一月二八日から三〇日の間に交渉を持ち（第三〇回）、公団は県立会のもと漁連の代表者に補償額を提示した。漁連は「今回公団の補償額提示の努力は認めるものの、その額において漁連要求とは相当の開きがあり、とうてい了承できるものではない」と一蹴し交渉は再び中断となった。同年三月二五日から二七日に交渉は県の仲介により再度開始され（第三一回）、交渉協議の冒頭に県から双方のトップにより交渉を進めることの提案があり、直ちに漁連会長（会長寺田昭信）、副会長と公団理事らのトップによる交渉となった。トップ交渉は何度も中断し、そのつど水公団は試算を繰り返した。不眠不休の交渉の結果、二七日未明に至り一二七億円の補償額で双方が折り合いに達した。年度末の三月三一日、漁業損失補償交渉は三か年三一回の正式交渉を経てようやく妥結をみ、漁連会長寺田と水公団総裁山本三郎が滋賀県庁で知事武村の立ち会いのもと協定に調印した。補償額は「開発にからむ水産補償としては全国最高」（朝日新聞五〇年四月一日付）であった。「漁業補償問題がヤマを越したことで、同公団は湖岸堤新設など本格的な事業に取り組む方針」（京都新聞五〇年四月一日付）であった。工事に伴う濁水等による漁業操業被害については、工事施工のつど地元の漁協と協議して解決することとし、あくまで琵琶湖の水位変動による損失補償のみに限定された補償であった。水公団は琵琶湖の特殊性（魚介類の豊富さ）を考慮して水産資源維持事業に関して積極協力することを約束した。

同日、懸案となっていた琵琶湖総合開発事業で利水（都市用水）を受ける下流府県の負担金未払い金問題については、滋賀県と大阪府・兵庫県の間で「今年度分一二億六〇〇〇万円余を従来通り支払いする」との合意に達した。

◆

閉鎖水域である琵琶湖の特産アユの減少は、単に琵琶湖の漁業者に影響を及ぼすばかりでなく、全国の河川漁業にも波及するとともに、琵琶湖周辺でアユ仔魚《しぎょ》養殖を営んでいる養殖業者にも影響する問題である。当時の漁業補償制度では、アユを琵琶湖で直接採捕している漁業者のみに補償すれば足りることになっており、その意味では一二七億円の水位変動の補償により、琵琶湖のアユ減少の影響（被害）補償は完了することになっている。水位変動に伴うアユへの影響は、水位低下によって産卵場が少なくなり資源の再生産が減少する資源減少被害と水位低下による漁場の減少による漁業操業被害となっている。このうち、資源減少被害を最小限度に食い止めるため、公団は資源維持対策の費用を負担するこ

安曇川人工河川（高島市）

とにした。その具体策が人工河川の築造である。

姉川と安曇《あど》川の河口に流下仔アユ七〇億尾の生産が可能な人工河川が築造されることになった。この人工河川は、自然に最も近い形でアユの「遡《そ》上《じょう》→産卵→孵化《ふか》→仔アユ流下」を可能にしたものである。姉川湖岸に造られた人工河川におけるアユの産卵生態や産卵床の条件に関する試験結果をふまえて、昭和五六年（一九八一）から姉川と安曇川において本格運用が開始され大きな効果を上げている。

四八年四月、滋賀県は琵琶湖南湖（草津市矢橋町沖）で矢橋《やばせ》人工島造成に突如着工した。同人工島は琵琶湖総合開発の事業である四か所の流域下水道予定地のひとつで、大規模埋め立て地に湖南中部流域下水道（工業排水と家庭排水）の浄化センターを建設する計画であった。処理能力は一日

矢橋帰帆島（草津市、昭和56年ごろ）

一〇二万立方メートルとされ、全国でも最大規模の浄化処理施設である。近江八景のひとつ「矢橋の帰帆《きはん》」にうたわれた歴史的景観が破壊されるとして地元民は反対した。一年間の地元交渉の末、同造成工事は抜き打ち的に突貫工事に入った。寝耳に水の地元民から強い反発を受けた。四九年を通じて反対運動が続き、人工島埋め立て工事は中断を余儀なくされた。

革新知事武村正義の水質保全施策

昭和四九年一一月、滋賀県知事選挙が行われ、現職の保守系野崎欣一郎に代って八日市《ようかいち》市長から立候補した革新系武村正義が当選した。武村は四〇歳で、先に野崎が四五歳で初当選した時には最年少の知事と言われたが、それよりさらに年少だった。知事武村は以下の三点を上げて琵琶湖総合開発計画の見直しの必要性を主張した。

①計画決定以降の社会的、経済的情勢の変化

②環境保全、水質回復等の緊要性

③地方財源事情の悪化

五一年には、従来の計画の柱である保全、治水、利水のうち、特に保全については水質保全と環境保全とに二分した琵琶湖総合開発計画改定基本構想を発表した。この構想をいかに計画の中に組み込んでいくかが水公団の課題となった。その中には県の単独事業も含まれていた。「アイディア知事」武村は、この構想を長年の県民運動であった粉石鹸《せっけん》の使用運動と合わせた「滋賀県琵琶湖の富栄養化の防止に関する条例」（いわゆるN・P条例）を五四年（一九七九）一〇月一六日に、また五五年には「びわこＡＢＣ（Access The Blue And Clean）作戦」（新琵琶湖環境保全対策）へと、全国に先駆けて水質・環境に対する施策を打ち出し、湖沼の水質保全への取り組みを世界にアピールした。

高度経済成長から「経済大国」に突き進む日本は水質汚染・環境破壊という大きなツケを残した。琵琶湖も例外ではない。水質悪化の原因は、滋賀県内の本格的な工業化による工場の設置や宅地開発に伴う自然環境の破壊、大量消費型生活様式の登場、農薬や化学肥料を多量に使用する機械化農業の進展にあった。下水道が未整備だったため、工場や家庭

から出た排水の大半が、琵琶湖に流れ込んだ。湖岸の内湖、渚《なぎさ》やヨシの群生地が次々に埋め立てられたことは、琵琶湖の自浄能力を失わせて水質の悪化に拍車をかけた。

琵琶湖の汚染が進む中で、昭和四五年頃から消費者グループ・婦人団体・労働団体などが中心となって、合成洗剤追放、粉石鹸使用運動を始めた。五〇年代に入ると、運動の輪は一層広がって、県漁業協同組合連合会や農業協同組合などの支持を受けるようになった。

一方、武村県政も同時期から本格的に富栄養化防止対策に取り組み、合成洗剤追放の動きを強めていった。「琵琶湖の富栄養化の防止に関する条例」では工場排水の中に含まれる窒素やリンの量を一定基準以内に規制したほか、有リン合成洗剤の使用・贈答・販売を禁止した。条例制定後には、各家庭から有リン合成洗剤の回収が行われた。

白洲正子『近江山河抄』

白洲正子『近江山河抄《しょう》』（白洲正子全集〈新潮社〉第六巻）は、紀行文の傑作であるのみならず著者の秀でた知性や鋭い美意識に裏打ちされた思索の書である。どのページを開いても、著者の歴史観・宗教観に触れることができる。著者の観察眼の鋭さによって表現された文章の一部を引用したい。

「〈沖つ島山〉

近江の中でどこが一番美しいかと聞かれたら、私は長命寺《ちょうめいじ》のあたりと答えるであろう。はじめて行ったのは、巡礼の取材に廻っていた時で、地図をたよりに一人で歩いていた。近江八幡のはずれに日牟礼八幡宮が建っている。その山の麓を東に廻って行くと、やがて葦が一面に生えた入江が現われる。歌枕で有名な『津田の細江』で、その向うに長命寺につらなる山並みが見渡され、葦の間に白鷺が群れている景色は、桃山時代の障壁画を見るように美しい。最近は干拓がすすんで、当時の趣はいく分失われたが、それでも水郷の気分は残っており、近江だけでなく、日本の中でもこんなにきめの細かい景色は珍しい。京都の簾屋《すだれや》はここの葭《よし》で簾《すだれ》やよしずを作っている。（中略）その後、何度か訪れる中に、私は少しずつこの周辺のことを知って行った。長命寺の裏山を長命寺山とも金亀山とも呼ぶが、それに隣り合って、あきらかに神体山と

長命寺（近江八幡市）

おぼしき峰が続いており、それらの総称を「奥島山《おきつしまやま》」という。現在は半島のような形で湖水の中につき出ているが、まわりが干拓されるまでは、文字どおり奥島山であった。山頂へ登ってみると、湖水をへだてて、水茎の岡の向うに三上山がそびえ、こういう所に弥勒《みろく》や観音を想像したのは当然のことといえよう」

「近江の中でも、一番空が広いのはここかも知れない。そんなことを考えながら、安土の方を眺めていると、なぜ信長があんな所に城を築いたか、うなずけるような気がして来る。湖水からつづく津田の細江は、そのまま安土城の堀へ直結し、交通に便利であっただけでなく、天然の要害をなしていただろう。観音寺山を背景に、ただでさえ広い蒲生野の一角にそびえる天守閣からは、殆ど近江全体が見渡され、三方水にかこまれた白亜の建築は、竜宮城のように美しく、あたりを圧して君臨していたに違いない。こういう所を発見しただけでも、信長の天才がうかがえるが、安土を選んだのは他にも理由があったと思う」（原文のまま）。思索的名文とはかかる文章をいう。

◆

音ばかり　よするや鳰《にお》の　浦波も
霞にこもる　あけぼのの空　（徳川光圀）

安土城跡より西の湖を望む（びわ湖ビジターズビューロー提供）

第10話
「びわ湖訴訟」、湖岸堤（管理用道路）、そして事業一〇年延長

工事差止めを求めた「びわ湖訴訟」

静かな湖国はかつてないびわ湖訴訟集団訴訟に大きく揺れた。水資源開発公団（以下水公団）の琵琶湖開発事業建設部事務所が大津市内に開所されて三年目にあたる昭和五一年（一九七六）三月二六日、同総合開発計画工事の差止《さしと》めを請求する「びわ湖訴訟」が大津地裁に提訴された。水公団等が本格的事業を展開する矢先のことであった。原告が一〇〇〇人を超えるマンモス訴訟となった。琵琶湖開発事業は日本の水資源開発では最大のプロジェクトであっただけに、その実施に際して環境問題を前面に出した争訟が、「びわ湖訴訟」に続いて五件も相次ぐのである。

近江商人屋敷（豪商外村家の庭園、東近江市五個荘金堂町）

「びわ湖訴訟」から半年遅れて、鮎苗（放流用稚アユ）に被害が出かねないとして工事の差止めの訴訟（鮎苗訴訟）が出された。四年後には損害賠償事件（鮎苗損失訴訟）も起きた。二件はいずれも東京地裁に提訴され、全国内水面漁業協同組合連合会が中心となって青森県から鹿児島県まで（滋賀県を除く）の四六三漁業協同組合が訴えたものであり、被告は水公団と国であった。五三年一月、湖西海津で船溜り工事の差止め仮処分事件（海津船溜り訴訟）がもち上がった。水公団とマキノ町（現高島市マキノ町）が訴えられた。水公団が新規利水毎秒四〇立方メートル開発のため水位低下対策に取り組んでいた最中であった。北湖から進められていた湖岸堤及び管理用道路工事が南湖に移ってきた五八年（一九八三）、前浜のヨシ試験地を原因として（ヨシ地告発事件）、また翌五九年湖岸堤工事を原因として琵琶湖開発事業建設部長が「びわ湖訴訟」原告弁護団によって大津地方検察庁に告発された刑事事件（湖岸堤告発事件）もあった。

これら六件の争訟事件は、一三年に及んだ「びわ湖訴訟」の判決を最後として、不起訴になった事件を除きすべて被告側（水公団、国、滋賀県、大阪府など）の全面勝訴で幕を閉じた。平成元年（一九八九）三月八日、「びわ湖訴訟」の地裁判決が出された。

「琵琶湖総合開発は『近畿の水がめ』の環境を破壊し健康被害を招くと、琵琶湖・淀川流域の住民が国・滋賀県などに主要四工事の差止めを求めた『琵琶湖環境権訴訟』の判決は八日、大津地裁で言い渡された。西池季彦裁判長は原告が差止め根拠とした環境権、浄水享受権を否定、人格権については認めたものの『被害の立証、推認』がないと述べる一方、矢橋人工島、湖南中部流域下水道浄化センターは『すでに完成し訴えの利益がない』と却下するなど、原告の差止め請求をいずれも却下、棄却した。（中略）原・被告が一三年にわたり争った訴訟は住民側の全面敗訴となった」（「京都新聞」三月八日付）。原告側は控訴を断念しロングラン裁判は終結した。原告弁護団代表折田泰宏は記者団に語った。

「全面的に行政側の主張のみ採用し、原告の主張に一片の理解も示さないものであり、心の底から憤りを覚える。私たちは、この判決に対し、住民と共に闘い続けて行く決意だが、ここに至る過程で琵琶湖の環境保全に数多くの寄与をなしてきたことは確信している」

確かに、この環境権訴訟が公共事業における開発や環境保護のあり方にインパクトを与えたことは否定できない。琵琶湖畔に住む作家高城《たき》修三は京都新聞に「琵琶湖はいま〜判決に寄せて〜」を寄稿した。

「昭和四七年にスタートした琵琶湖総合開発は高度成長時代の発想で、琵琶湖の豊かな水を近畿の水がめ、下流府県に必要な資源としてとらえ、琵琶湖というかけがえのない存在の全体をみる視点を欠いていたと思う。事業主体となった行政も充分にそうした配慮をなしたとは言いがたい。びわ湖訴訟はその是非を争うものであった。判決は原告の訴えを全面的に却下した。既成事実を追認し、問題の解決を立法、行政にあずけるかたちである。琵琶湖のもつ全体性を個々の権利関係として法廷で争っても、これ以上のものはのぞめないだろう」

「問題は何一つ解決していない。琵琶湖の現状が私たちに問いかけているのは、開発や行政の是非だけではなく、効率や利便性を追求するあまり、自然と共存できなくなりつつある私たちの生活のあり方そのものだからである」

参考文献：『淡海よ永遠に』、『滋賀県史 昭和編』、池見哲司『水戦争、琵琶湖現代史』、朝日新聞・京都新聞関連記事、㈱水資源機構関連文献、筑波大学附属図書館所蔵資料

却下された知事武村の計画改定案

五一年八月、武村革新県政は「琵琶湖総合開発計画改定の基本構想」をまとめた。野崎県政が進めた計画の見直し作業の結論である。内容は、「保全」「治水」「利水」に大別されていた事業計画のうち、「保全」部分を「水質保全」と「環境保全」に分けることと、その拡充のために新たに一三項目の事業を追加することであった。追加される事業は次の通りであった。

〈水質保全〉
・汚濁発生源対策――排水規制の強化、家庭排水等対策
・汚濁除去対策――家畜糞尿処理施設、ごみ処理施設、産業廃棄物処理施設
・琵琶湖浄化対策――底泥等の除去、水生植物の保護造成
・監視観測対策――水質観測施設、水質監視の強化
〈環境保全〉
・自然環境保全対策――自然環境保全施策の推進

前浜前面のヨシ（草津市）

・文化歴史環境保全対策─文化歴史環境施策の推進、文化歴史遺産の保存整備
・環境利用対策─周遊自転車道

「基本構想」をもとに、滋賀県は政府に計画の変更を打診した。だが五二年二月、国土庁（当時）を窓口とする各省庁の連絡調整会議で「当面、改訂は行わない」ことを決めた。理由は、①新規事業を追加する財政的余裕がないこと、②追加事業にどんな効果があるか詰めが十分でないこと、③現計画がまだ消化されていないこと、などであった。「アイディア」知事武村の掲げた「計画見直し」は結局実現せず、琵琶湖総合開発計画は最終年度の五七年三月まで既定方針で進められるのである。これより先、五〇年四月、前知事野崎欣一郎が旅行先の台湾で急逝した。享年五三。

死因は持病の糖尿病などの悪化とされたが、不審なうわさも流れた。

琵琶湖富栄養化条例の施行

五二年五月二七日、琵琶湖に初めて赤潮が発生した。大津市におの浜沖では長さ二キロ、幅三〇〇メートルの湖面が赤く染まったほか、比較的水がきれいとされてきた北湖の滋賀郡志賀町（現大津市）北小松沖や高島郡今津町（現高島市）浜分《はまぶん》沖でも稚アユ約一万匹が死んだ。浜分漁協組合長上田長春は、朝起きると、いつものように自宅わきの養殖池を見回りに行った。道ひとつ隔てた琵琶湖から水を導き、アユを養殖している。池をのぞき込んだ瞬間、自分の目を疑った。数え切れないほどのアユが水面に白い腹を見せて浮いていた。強烈な異臭が漂い、水が茶褐色に濁っていた。琵琶湖の浜辺で何人かがぼう然と立ち尽くしていた。六二年間、毎日ながめて暮らしてきた琵琶湖の初めて見る姿だった。「琵琶湖に初の赤潮」。ニュースは瞬く間に広がった（池見哲司『水戦争、琵琶湖現代史』参照）。

大津市や京都市の水道関係者は、この新顔のプランクトンが「臭い水」をもたらすことは知っていた。だがその生態はほとんどつかめていなかった。赤潮は翌五三年の五月から六月にかけても発生した。アユ、ニジマス、コイなど魚への被害も再び起きた。赤潮は以後毎年発生し、昭和五八年九月二一日には、一層汚染の進んだ状態を示すアオコまで見られるようになった。赤潮はプランクトンの一種クスダマヒゲムシ(ウログレナ)、アオコはミクロキスティスの異常発生によって引き起こされるが、これらの増殖は窒素やリンなど栄養塩類の増加に起因していた。窒素やリンは、工場や家庭からの排水に多く含まれており、琵琶湖に流入・蓄積されて、富栄養化を進行させたのである。五四年一〇月一六日、滋賀県議会において「琵琶湖富栄養化防止条例」が可決となり、翌年七月一日から施行された(前話既述)。

湖岸堤の計画変更

湖岸堤が琵琶湖湖畔沿いに計画されたが、その構造で特徴的なのは堤防本体と湖の汀線《ていせん》(湖面と陸地の交わる線)の間に幅数十メートルの前浜を設けたことである。北湖では、堤防を湖の汀線から二〇~五〇メートル程度内陸側の位置に設置することにより、従前の湖辺を自然状態のまま前浜として確保した。南湖では、堤防法線(堤防の天端《てんば》中央線)の一部が湖中部を通過することとなったため、その区間については新たに幅五〇~六〇メートル程度の人工的な前浜を造成した。前浜は二つの効果を果たした。一つは消波効果により湖岸堤の天端高(堤防の頂点)を低くおさえるという工学的な効果である。もう一つの効果は湖沼環境の保全である。管理用道路は、緊急時における迅速な通行の必要性、将来管理の利便性等を勘案したもので、断面構造については道路と湖岸堤を組み合わせた湖岸堤・管理用道路との形にすることで経済性を高めた。堤防部分と管理用道路部分との境界には植樹による分離帯を設けて交通の安全を図っている。

湖岸堤の計画変更のうち、長い年月を要し大きな計画変更となったのは南湖湖岸堤法線であった。南湖湖岸堤法線は、開発事業が開始された後でも最終案に至るまでに二回の変更があった。当初計画の法線を含めると三本のルートが検討されたのである。それぞれのルートの大要は以下の通りである。

①当初計画：建設省（現国土交通省）が琵琶湖開発事業をまとめるに当って滋賀県等の意向を勘案して決定した。昭和四八年（一九七三）に水公団が建設省から事業継承をした時の案で「当初案ルート」と呼ぶ。

②変更一次計画：五三年南湖浚渫《しゅんせつ》計画の大幅な変更に合わせて水公団で基本案を作成した。その後滋賀県の「南湖問題検討会」の中で調整を図り、五五年一一月に県に提示した案で「公団案ルート」と呼ぶ。

③変更第二次計画：「公団案ルート」に対し、滋賀県内でさらに県としての意向を強く打ち出して修正し、五七年三月水公団に要請した案である。「修正案ルート」と呼ぶ。最終的には水公団もこのルートでの実施を了承した。

草津地区湖岸堤・管理用道路

南湖湖岸堤法線の変更の結果、北湖における湖岸堤及び管理用道路の線形は比較的直線的であるのに対して、南湖における線形はかなり屈曲の多いものとなった。道路としての安定走行・快適性との面で課題を残した。

特別措置法一〇年延長へ

五七年三月三一日、琵琶湖総合開発特別措置法を一〇年間延長するための一部修正案が、参議院本会議で共産党を除く与野党の賛成多数で可決し成立した。併せて、施行令の一部も改正され、総合開発事業に新たに四事業を追加することが決まった。前年末の五七年度政府予算案ですでに方向が定まっていたとはいえ、琵琶湖総合開発はこの日を境に正式に第二期のとびらを開けたのである。滋賀県が琵琶湖総合開発の一〇年延長を求める「要望書」をまとめ、国に提出したのは五六年六月だった。既に最終年度に入り、あと九か月で特別措置法は期限切れとなるものの、一七の地域開発事業は、四〇％を消化したに過ぎない。これはオイルショックその他に基因する経済変動や政府の政策の変更、さらには赤潮やその他の水質汚濁などが大きく影響した。残りの六〇％を完成するだけでも期限延長と事業の改正は必至というのが滋賀県の早くからの主張であった。加えて、見直し作業の中で確認した環境保全のための新規事業を追加したいねらいもあった。「要望書」には、改定にあたっての滋賀県の「基本的な考え方」と「具体的方向」とが添えられている。

「基本的な考え方」は、まず「毎秒四〇立方メートル、水位低下一・五メートルの新規利水は変えない」ことを確認した上で、次の四項目を掲げた。

①特別措置法の一〇年延長。国と下流の財政負担など現行法の基本を踏襲する。

②琵琶湖総合開発計画の期間を四七年度から六六年度までとし、現行計画の残事業の完成を原則としつつ、環境保全のための事業を追加する。

③水質保全及び水源涵養にかかる費用についての財政措置。とくに流域下水道の三次処理のための特別措置や公共下水道の管渠《かんきょ》工事に対する補助対象範囲の拡大等。

④琵琶湖の保全管理のための新たな法制度の検討等、将来的課題への対応。

これを受けて、「具体的方向」として、現行事業の手直しと新規に追加すべき事業をあげた。新規事業は四つで、①農業集落排水処理施設、②畜産排水処理施設、③ごみ処理施設、④水質観測施設であった。現行事業の手直しでは、縮小された事業もあった。①大規模レクリエーション基地を中心とする「自然公園施設」が面積で八〇%がたカットされた。②四か所の「港湾」のうち二か所が中止。③「工業用水道」も四地区のうち一地区が中止。一方、拡大されたのは①「都市公園」が一四七ヘクタールから二〇七ヘクタール。②「道路」に新たに自転車道二一キロの併設。

「要望書」に基づいて、滋賀県は琵琶湖開発総合計画の改定に向けて国土庁（当時）を窓口に各省庁と折衝に入った。問題は事業総額をどう算出するかであった。八月二〇日、国土庁案として「改定計画事業量・事業費」がまとまった。

◆

事業項目二二、総事業費一兆五三七六億円。五六年度までに投じた五六二〇億円を差し引くと、残り事業費は九七五六億円である。一方、五六二〇億円を投じた一〇年間の事業消化率は四三%である。五六年度単価に換算すれば七三六〇億円に相当する。つまり五六年度単価で一〇〇%事業費をはじけば一兆七一一六億円になる。四六年度単価四二六六億円で開始された琵琶湖総合開発は一〇年間で四倍の単価となった。中でも下水道事業の単価上昇が目立っており、同様に計算すれば単価は六・七倍となる。一二月末の政府予算折衝では、新規四事業も含めて九六二八億円の事業費が認められた。要求額より一二八億円カットされたが、ほぼ満額回答といってよかった。カット分のうち九九億円は下水道事業費であった。

事業費が決まったことで、次の焦点は大阪府・兵庫県との「下流負担金」問題に移った。総合開発が始まった際合意した総額一五〇億円の改定である。大阪府と兵庫県は五六年度までに物価上昇分を織り込んで二二八億円を支払っており、「残りは一二七億円で十分である」と主張した。これに対し滋賀県は五〇〇億円を要求した。双方の額にこれほど差が出たのは算定の根拠が食い違ったからであった。滋賀県側は当初の一五〇億円の基礎になった「国の補助率の特別カサ上げ相当額」をそのままスライドさせて要求額をはじいた。大阪府と兵庫県側は「下水道などは既に特別カサ上げが消滅したのだから、その部分については下流も負担する必要はない」と主張して譲らなかった。一〇年前と同じように、五七年五月二七日、東京で三府県知事と国土庁長官の「トップ会談」がもたれ、三六〇億円で決着することになった。

知事武村が、特別措置法の一〇年延長を政府筋に根回しする際、頼りとした中央政界の

「大物」は元総理大臣田中角栄と田中の側近後藤田《ごとうだ》正晴だった。

「後藤田(正晴)先生には、自治省採用のときからお世話になっています。滋賀県知事のとき、琵琶湖総合開発特別措置法が一〇年の満期を迎えて、その延長を考える状況になりました。私はこの総合開発計画は、田中角栄内閣のときにできた計画ではなかったかと思います。私は一番初めに田中角栄さんのところに相談に行ったんです。角栄さんは逼塞《ひっそく》されているときでしたから、『誰に相談したらいいですか。竹下登さんですか』と聞いたら、『うーん、竹下じゃ駄目だ。後藤田にせよ』とおっしゃった。ちょうどその直後ぐらいに竹下さんが創政会をつくった。だから、ずいぶんきわどいときにその話をしているんです。僕は竹下さんのところにもお願いや挨拶で出入りしていましたが、角栄さんの指示で、後藤田さんに琵琶湖総合開発の新しい一〇年の事業の担当をしていただくことになり、とてもお世話になりました」(『聞き書き 武村正義回顧録』岩波書店)。

琵琶湖の環境保全は五五年七月一日制定のびわ湖富栄養化防止条例が五六年からスタートし、規制を強化し「とりもどそう青いびわ湖」のスローガン達成を目指した。五七年四月一日、琵琶湖の草津市沖合に埋め立て建造された湖南中部流域下水道が運転に入った。浄化センターの人工島は「矢橋帰帆島《やばせきはんとう》」と呼ばれることになった。この日、滋賀県立琵琶湖研究所が大津市に設立された。

世界湖沼環境会議の開催

合成洗剤追放運動によって、武村県政の独自性が日本全国に知れ渡ったとすれば、世界湖沼環境会議は県政をさらに世界に広げようとした試みだった。知事武村は五九年二月の県議会で、第一回世界湖沼環境会議を八月二七日から三一日の五日間にわたって行うことを初めて宣言した。同時に知事は「その目的は、湖沼を取り巻く環境問題で世界が悩んでいる、その関係者が一堂に会して経験を語り合い、自然と人間のかかわり合いを考え、さらには滋賀県民が今日まで取り組んで来た一つ一つの小さな積み重ねが大きな意味を持つという事実を知ってもらいたい」と語り胸を張った。地方自治体の首長としては壮大な抱負であり、背後に武村流「草の根県政」の精神があったようである。

会議では研究・行政・住民の各分野から代表が参加することでも注目を引いた。会議は①湖沼環境及びその利用・保全管理の現状と動向についての情報・経験の交流、②湖沼環境の適正な管理とよりよい環境の創造のための原理及び施策をめぐる討議、③討議結果にもとづく望ましい湖沼環境の方向の集約とアピール、を主要な内容とした。五日間熱心な討議が続けられた。「湖沼は文明の症状を映す鏡である」。第一回世界湖沼環境会議（第三回以降、名称が「世界湖沼会議」に変更）で採択された「琵琶湖宣言」に盛り込まれた「総括」のことばである。

世界湖沼会議の成功に気を良くした知事武村は、国連環境計画（ＵＮＥＰ）の支援を受け、昭和六一年（一九八六）二月二一日―二三日に国際湖沼環境委員会（ＩＬＥＣ）の創立総会を大津市で開いた。アメリカ・カナダ・インド・ブラジルなどから、水に関する内外の権威一六人が集まった。日本からは滋賀県琵琶湖研究所長吉良《きら》龍夫（大阪市立大学名誉教授）と国立公害研究所水質土壌環境部長合田健（元京大教授）が加わり、吉良が委員長となった。同会議で採択された規約案は前文に「人類と湖との調和がとれた共存関係を取り戻す」との趣旨を掲げ、①委員会は湖沼環境に立脚した科学・技術的及び管理のための情報・データ・経験の交流推進、②発展途上国の湖沼開発・環境保全への手助け、③開発と湖沼保全を調和させる環境政策ガイドラインの提供、④湖沼環境管理の科学的調査など八項目であった。

第１回世界湖沼環境会議基調講演（大津市民会館、滋賀県提供）

我が歴史・文学そぞろ歩き〜琵琶湖編〜

内村鑑三『代表的日本人』

『代表的日本人』（内村鑑三著、鈴木範久訳、岩波新書）の中の中江藤樹（一六〇八―一六四八）をとり上げる。同書は欧米の知識人を意識して英文で書かれた「偉人列伝」である。あえて英文書で刊行したねらいは「キリスト教国の人々から『異教徒』と呼ばれている日本人の中に、内村はキリスト教徒よりもむしろ優っている人物のいることを見出していた」（同書「あとがき」）ことによる。同書では西郷隆盛、上杉鷹山、二宮尊徳、中江藤樹、日蓮上人の「生涯と思想」が紹介されている。これら五人の「偉人」は、宿命や逆境にあらがいながら、自己の信念や信条を支えとして民衆のために独自の偉業を成し遂げた人物としてとり上げられている。藤樹を「近江《おうみ》聖人〜村の先生〜」と内村は呼ぶ。

藤樹は、江戸初期の儒学者で、日本の陽明学派の祖である。名は原。近江の人。初め朱子学を修め、伊予（現愛媛県）の大洲藩に仕え、二七歳の時郷里に残る母への孝養を理由に脱藩して、近江国高島郡小川村（現高島市安曇川町）に帰り学問を修め村人の教導に務めた。自宅の藤の木にちなんで「藤樹先生」と呼ばれた。中国明の大儒王陽明の到良知《ちりょうち》説を唱道した。「近江聖人」と尊崇《そんすう》され、門人には岡山藩の儒学者熊沢番山らがいる。著作に『考経啓蒙』、『翁問答』などがある。

内村は言う。「恐れるものなく独立心をもっていた藤樹でしたが、その倫理体系でもっとも注目されるのは、謙譲の徳に最高の位置を与えていた事実です。藤樹にとり謙譲の徳とは、そこから他の一切の道徳が生じる基本的な道徳でした。これを欠けば一切を欠くにひとしくなります。『学者は、まず、慢心を捨て、謙徳を求めないならば、どんなに学問才能があろうとも、いまだ俗衆の腐肉を脱した地位にあるとはいえない。慢心は損を招き、謙譲は天の法である。謙譲は虚である。心が虚であるなら、善悪の判断は自然に生じる』」

内村は言う。「この徳の高さに達するための藤樹の方法は、非常に簡単でした。こう言いました。『徳を持つことを望むなら、毎日善をしなければならない。一善すると一悪が去る。日々善をなせば、日々悪は去る。昼が長ければ夜が短くなるように、善をつとめるならばすべての悪は消え去る』」

内村は言う。「谷の窪にも山あいにも、この国のいたるところに聖賢はいる。ただ、その人々は自分を現さないから、世に知られない。それが真の聖賢であって、世に名の鳴り渡った人々はとるに足りない。（中略）徳と感化に関しては、おもに教えられている現代の教育制度によるかぎり、私どものなかにはびこる俗悪を、はたしてよく抑えることが可能かどうか、疑問であります」。〈武士道的クリスチャン〉内村は藤樹の人生哲学に自己の思想を投影したかったのであろう。

『日本思想体系　中江藤樹』（岩波書店）を参考にした。

◆

たっぷりと　真水を抱きて　しづもれる
昏《くら》き器を　近江と言えり
河《かわ》野《の》裕《ゆう》子《こ》（現代歌人）

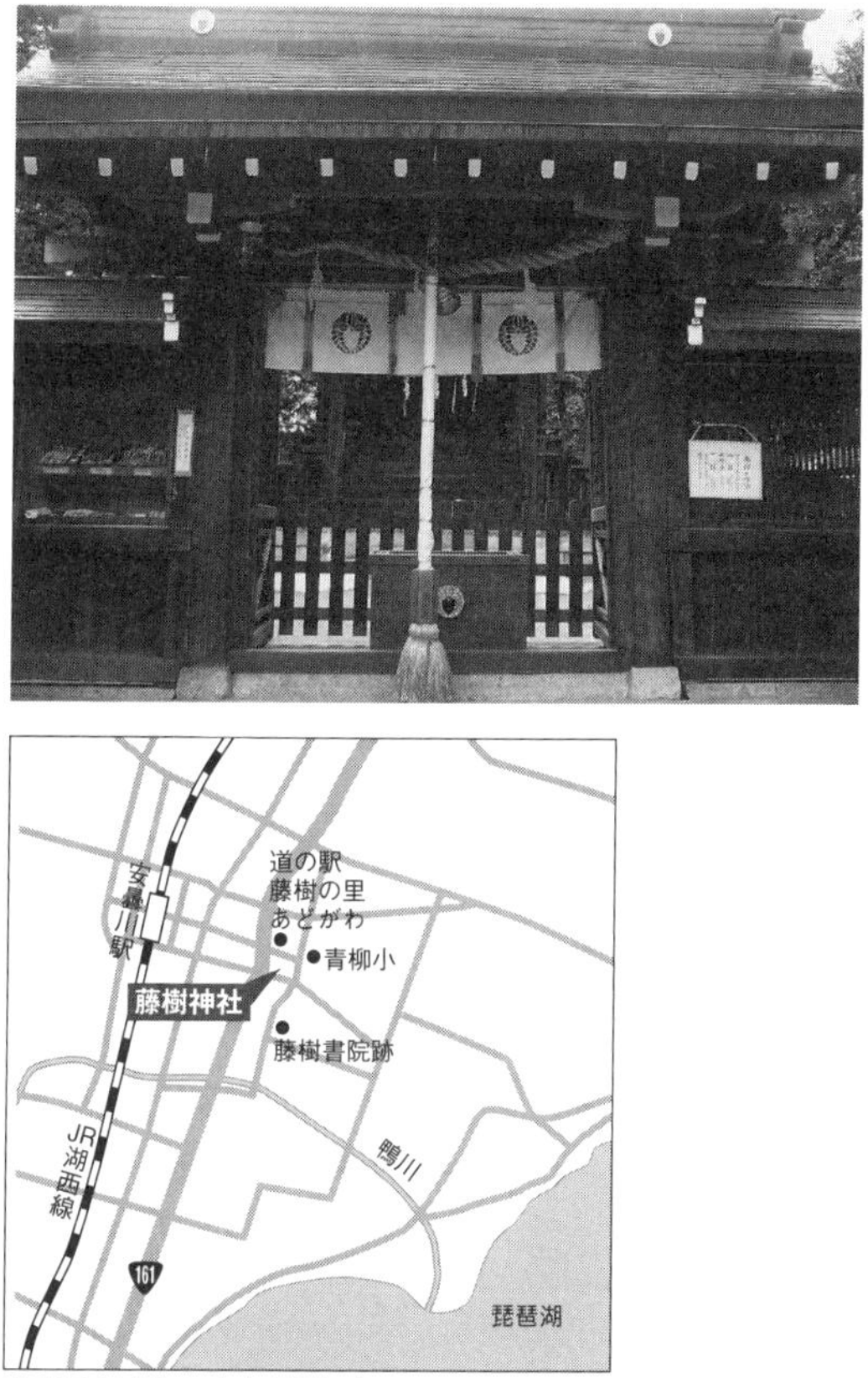

藤樹神社（高島市安曇川町）

第11話

〈終章《エピローグ》、均霑《きんてん》〉緊迫の最終局面と事業一部再延長、歴史遺産・生態系の保存、そして終幕《フィナーレ》

※均霑……琵琶湖開発事業が終局を迎えた際上下流の関係自治体が合意した基本思想(「近畿はひとつ」)で、元来は生物が等しく雨露の恵みにうるおうように、各人が平等に利益を得ることを意味する。

「世紀の水の大事業」琵琶湖総合開発事業は終局に向かおうとしていた。水資源開発公団(以下水公団)琵琶湖開発事業の最前線で指揮した同事業建設部長永末博幸の「追想記」から「あたかも戦場のような」終盤の状況を振り返る。

琵琶湖開発事業のスケジュール

私が事業建設部長に就任した昭和六二年(一九八七)四月当時、事業は予算的にも人的にも年間二〇〇億円の執行体制で進められていた(巨額といっていい)。しかし、これでは残事

大阪府村野浄水場（土木学会賞受賞、壁面に琵琶湖のデザイン）

業からみると決められた五年後の工期内終了ができない状況であることは確実だった。一方、ユーザー（下流自治体など）からは工期内に是非終わって欲しい旨要望が繰り返し出された。しかし関係する誰もが再延長された平成三年度末で終われるとは思っていないようであった。

そこで、今後の方針を明確にするために六三年度の予算要求は三〇〇億円体制で要求し様子をうかがうことにした。結果は二七〇億円の予算が付いた。それ以降はすべて工期内完成モードに切り替えられ、予算的にも人的にも水公団の総力をあげて事業を遂行すべく全面展開されていった。

ＮＴＴ―Ａ型事業

事業の完了が近づいた平成元年（一九八九）、政府方針としてＮＴＴ株の有効活用による基盤整備事業の促進が国の施策として掲げられ、水公団としてもこれを積極的に進めることになり、全国的にいくつかの事業が展開された。

琵琶湖では、開発事業を平成三年度に完成させるという大命題があり、事業執行が大変だったこともあって、ＮＴＴ株の有効な活用事業にする余裕などなかった。そのため、琵琶湖には適当な事業がないと本社には報告していた。本社からは水資源開発公団法を改正してまで力を入れているので琵琶湖開発事業が何もないというのは困る。何とかせよ、との指示があり、烏丸《からすま》半島の整備とマイアミ浜も整備を実施することにした。事業を展開するためには第三セクターを設立することが必須条件であったので、烏丸半島の整備にあたっては、その受け皿として最終的には滋賀県許可の㈶びわ湖レイクフロントセンターを設立したが、相当の時間と労力を必要とした。

当初、滋賀県はこの第三セクターには消極的であり、これを立ちあげるために烏丸半島内敷地の滋賀県への無償使用の承諾などの条件を整えた。すべて工期内完成という時間的制約の中で解決する必要があったからであった。当時滋賀県は、琵琶湖総合開発事業を五年延長して欲しいと国に要望していたので、公団事業も平成三年度で終わって欲しくないとの思惑もあったようで、公団事業への協力に消極的な面があった。

航路維持浚渫

琵琶湖開発事業による水位低下において、既存の機能を保証するためには琵琶湖の維持管理を適正かつ確実に行う必要があった。最も気がかりなことは、水位低下に対し、支障のないようにと浚渫した航路をいかに適正に維持管理し、将来の水位低下時にも支障のないようにしておくかであった。

航路維持浚渫については、航路管理者に増加維持管理費の金銭補償をして航路を適正に維持管理してもらう代わりに、水公団自らが将来にわたって維持浚渫する方がより確実に維持管理でき琵琶湖の水位管理が適正に行われるという考えは、自然の流れであった。管理費の枠組みについては、建設省（当時）は理解してくれたが、利水者（下流自治体など）は将来にわたって多額の維持管理費がかかるとして抵抗され、説得に時間を要した。毎年の管理費要求には浚渫土量をめぐって利水者との攻防がしばらく続いた。

漁業補償については、漁連は漁業補償をくれとは言わないが工事実施期間については漁期に配慮してほしい旨の文書確認をするということで話がついた（参考：瀬田川の浚渫は洗堰から上流へ五キロの区間で大型バックホウ船〔掘削用〕を導入して行われた。底幅は約五〇メートル、

流入河川改修（南川、高島市）

深さは河床から二メートルで実施された）。

琵琶湖流入河川の滋賀県への引継

琵琶湖開発事業の終局にあたって、同事業で建設した河川管理施設を誰が管理するかをめぐって国と滋賀県で綱引きがあった。その要因のひとつに琵琶湖が極めて重要な水面でありながら、国の管理ではないということがあった（一級河川「琵琶湖」の管理者は国ではなく滋賀県である）。国としてはこの際琵琶湖を国の管理にしたいとの思惑があった。

そこで、滋賀県は完成した河川管理施設はすべて河川管理者である同県が管理すべきであると打ち上げた。滋賀県は水公団が造った施設は法的にも公団がすべて管理すべきであると主張していた。しかしながら、琵琶湖の管理権を引き続き滋賀県が確保したいということもあり、また河川管理者としての立場も示す必要があることから「流入河川」一三河川だけは県が引き取ることになった。

参考：湖岸堤関連河川の河川改修は約五〇・四キロの湖岸堤に四〇本の一級河川があり、琵琶湖が洪水を迎え水位が上昇すると、流入河川の水位は琵琶湖水位の背水（逆流）の影響を受けて上昇するため河川改修などの対策を実施している。琵琶湖開発事業により河川改修されたのは、新余呉《よご》川・大同川（湖北）、南川・神奈川（湖西）、長命寺川・白鳥川・家棟《やなむね》川・新守山川・葉山川・新草津川・新十禅寺川・狼川・長沢川（湖南）である。

最終局面と膨大な予算執行

建設省（当時）は琵琶湖開発事業の平成三年度末完成のために瀬田川洗堰の操作規則をはじめ、終局に向けての課題解決に滋賀県と精力的に協議をされていたが、その前提はあくまでも公団事業の完成であった。平成四年に入ると、いよいよ公団事業の進捗状況が気になってきて建設省幹部から連日のように報告を求められ、時には激励もいただいた。交渉が難航している物件も数多くあったが、私自身は正直言ってどこまで行けるのか確信は全くなかった。ただ、解決のために補償額を増やすことは決してなかった。最後にカウントダウン的な様相を呈してきたが、残存物件が一桁になったときに、やっとこれで終えられると思った（水位低下による井戸への補償が最後まで残った）。

予算的には平成元年が二七〇億円、二年度も二七〇億円、三年度は残事業費のすべてである三七六億円の予算（一〇九億円はダム建設調整費・三億円の利息分を含む）がついた。しかしながら、残った工事や補償物件は問題が多く、事業の進展は困難を極めた。ついに二年度には琵琶湖開発事業始まって以来一八年間で初めて繰り越すことになり、約四九億円を三年度に繰り越した。

最終年度は繰り越しを含め四二五億円という膨大な予算執行が必要であった。関係した職員も定員一二五人に対し、平成二年一二月には一三三人、平成三年四月には一四二人に増員された。技術補助業務も平成元年には三四人であったが、二年度には四九人、三年度には六三人まで増やし、最盛期には二〇〇人近い仲間がこれにあたり、まさに公団挙げての対応であった。

参考文献：『淡海よ永遠に』、『大阪の水資源開発』（大阪府水資源総合対策本部）、森下郁子様の諸著作、藤井絢子様の諸著作、朝日新聞・京都新聞関連記事、滋賀県・㈱水資源機構関連文献、筑波大学附属図書館所蔵資料

望月局長の腐心

琵琶湖総合開発事業は、滋賀県が特別立法を要求し、政府も要求を受け入れてかつてなかった水資源開発として実施された。水源地の滋賀県が県内の市町村や下流の関係府県と調整して当初一〇年の工期で計画案を作成し政府によって決定された。戦後日本の湖沼開発の「パイオニアワーク」とされる所以《ゆえん》である。そのうち基幹事業である琵琶湖開発事業については水公団（水資源開発公団）が工事を担当した。二度もの工期延長は異例な措置であり、二五年（四半世紀）をかけ総事業費一兆八六三五億六〇〇〇万円を費やして挑んだ空前の〈世紀の大プロジェクト〉であった。この間、平成元年三月「びわ湖訴訟」が一二年間の裁判を終結した。被告（国、水公団、滋賀県、大阪府など）の全面勝訴であった。平成三年度末で超ロングランとなった琵琶湖総合開発事業のうち琵琶湖開発事業は、大車輪の回転が速度を増すように緊迫の度を増しながらも一足先に終幕を迎えようとしていた。

終盤の重要な事業に瀬田川洗堰の改築とバイパス水路築造があった。問題は、同洗堰が瀬田川という川の直轄区間の国管理下にある施設で、琵琶湖の水位を管理している施設でありながら、琵琶湖そのものは滋賀県が管理していることにあった。

同洗堰の一連の工事をめぐっても水公団と滋賀県には考えの食い違いがあった。山口甚郎（元建設省国土地理院長）の「望月さんと琵琶湖総合開発」（「望月邦夫さんを偲《しの》ぶ」）より引用する。

「望月近畿地建局長は滋賀県の御出身であったが、琵琶湖開発の重要性を認識され、『第一期河水統制事業』の失敗を繰返さないためどのように計画を定めるか、下流利益の均霑《きんてん》をどのように図るか、等苦心された。企画室長補佐の小生（山口氏）にも難しい課題が次々に出された。

枚方《ひらかた》水位観測所（淀川）

琵琶湖開発事業は、望月局長の地域間調整の効あって相互に理解が進み、琵琶湖総合開発事業として、法律を以て計画決定された。昭和五九年九月、琵琶湖・淀川は大渇水となった。この時に着工しなければ琵琶湖開発が工期内に完成しないということで、滋賀県に瀬田川洗堰着工の申し入れを行った。滋賀県議会は大反対となり、滋賀県も国会に反対の大陳情をすることになった。小生は、近畿地建の河川部長であったが、すぐ本省へ説明に走った。本省の方からは『この予算の厳しい折、琵琶湖開発だけを予定工期内に終わらせることはできない。なぜそんな事をしたのだ』とキツイお叱りをいただいた。しかし、それでは琵琶湖開発は進まなくなってしまう。すぐに水資源開発公団望月総裁をお尋ねした。

望月さんは『今、県や県議会が琵琶湖開発に反対したら、滋賀県の予算は大幅に削れてしまう。国会の先生の方はオレが引受けたからお前らは地元を説得しろ』とおっしゃった。地獄に仏に会った気持だった。すぐ、琵琶湖工事事務所の竹林所長と関係方面の説得に走りまわった。その年の一二月末、やっと『瀬田川洗堰の改築工事』に滋賀県の同意を得て着工することができた。望月さんの適切な指導と力強いサポートのおかげであった」（平成二年八月一日記）。

瀬田川の洗堰・バイパスの工事は、昭和五九年（一九八四）度に本格的な土木工事に着手し、平成元年度に主要な工事（上屋・工事用桟橋撤去）が完了した。平成三年（一九九一）度にすべての工事（ゲート・流量調節バルブの点検整備）を終了した。総工費は四四億四二三一万円だった。同洗堰の本堰は鋼製二段式ローラーゲート一〇門からなり、大きな流量を調節できることから主に洪水対策の機能を担っている。本堰に隣接するバイパス水路は水位が低下しても正確な流量調節が可能な高性能のシステムとなっている。

高島市にある白鬚神社の大鳥居（左）と大津市堅田にある浮御堂（ともに、びわ湖ビジターズビューロー提供）

文化財保護、自然環境保存への配慮

琵琶湖とその湖畔は歴史的文化財の一大宝庫である。琵琶湖開発事業は文化財保護・保存にも相応の配慮をしてきたといえる。中でも湖上に浮かぶ白鬚《しらひげ》神社の大鳥居と浮御堂《うきみどう》は湖畔の代表的な景勝地である一方で、湖水の水位低下による影響を受ける施設として対策が検討されてきた。大鳥居の位置は、視覚的に「最も美しい距離とされている沖合四〇メートルが確保できなくなるため、永く慣れ親しんだ景観が台無しになるので、将来新設される道路護岸より四〇メートルの間隔を保つよう」白鬚神社側から要求された。これを受けて、建設省、神社、水公団の三者で協議をした結果、元の鳥居から一四・七メートル沖合の五三・五メートルの位置に新築移転することで話がまとまった。工事は昭和五五年七月に着工し翌五六年三月に完了した。湖岸から五〇メートル沖合で、波浪の高い場所での建設工事であったが、湖岸から鋼製渡橋を仮設して漁業関係者との約束の期間中に無事故で完成できた。青い空と碧い海、朱色の鳥居が四季の変化に溶け込んで美しい造形美を形づくっている。

浮御堂は、湖岸から約二〇メートルの湖上に張り出し湖に浮かんだような景観であることからこの名が付けられたとされる。南湖から北湖に琵琶湖が開ける狭窄部《きょうさくぶ》にあって、湖上に浮かぶその姿は近江八景のひとつ「堅田の落雁《らくがん》」として古来文人や墨客《ぼっかく》に称賛されて来た。浮御堂は観光客から拝観料を徴収している。水公団は工事期間中は観光客を断り、寺側には営業補償を検討したが、境内に千体仏の仮安置所を設置して参拝してもらい、浮御堂本体は、同じ高さで南に二〇メートルの沖に仮移転した姿を見物してもらうことで、観光客を受け入れながら工事を実施した。昭和五六年（一九八一）一月に着工し、二〇か月の工期と三億円の事業費を要して五七年九月に完了した。湖底の埋蔵文化財調査も行われ、陶磁器や瑞花双鳥鏡《ずいかそうちょうきょう》と呼ばれる和鏡など多くの遺物が発掘された。そこには中世の商品流通やそれに携わった堅田の町人の生活の息吹がうかがえた。

昭和六三年から平成四年まで、水公団は琵琶湖の南湖湖岸にヨシの人工植栽を実施した。このうち草津地区では植付延長一一六〇メートル、植付面積一万一一五〇平方メートル、植生面積二万七三五〇平方メートルであった。琵琶湖全体では延長二九七五メートル、植付面積二万九三〇〇平方メートル、植生面積四万八二五〇平方メートルに達する。

事業推進による学術的な発見も

昭和六〇年代に入り異常渇水が続いて、琵琶湖の水位は昭和六〇年一月二六日にマイナス九五センチを記録し、翌六一年一二月一一日にはマイナス八八センチを記録した。この結果、湖底が姿を見せた。〈近江学会員原稔明《はらとしあき》氏論文「琵琶湖の水物語」〈「河川文化」第五五号〉より一部引用する〉

琵琶湖総合開発の基幹事業としての琵琶湖開発事業では、本格工事に先立って約二五〇件もの埋蔵文化財の調査が行われた。これらの調査は水中考古学の発展にも寄与し、貴重な遺跡の発見につながった。数多くの遺物や記録が保存された。

その中でも、南湖粟津《あわづ》航路文化財調査によって発見された粟津湖底遺跡は縄文時代の生活や環境を知ることができる超一級の遺跡として学会はもとよりマスコミにも注目された。これまで縄文遺跡からは、獣や魚の骨、植物質の食料残骸が発見され、これらから縄文人は獣の他に栗やドングリなどの木の実や魚介類を食べていたと類推されていたが、肉食偏重か植物食が主体だったのか、その量比については研究課題であった。

植物質の食料残滓《ざんし》も消滅しやすいが、水中にあると酸素との接触が遮断されるため保存されやすくなる。しかしこのような恵まれた水中貝塚はめったにない。それが、琵琶湖開発事業による文化財調査によって、平成二年に琵琶湖の湖底に水没していた「粟津湖底遺跡」で発見された。詳細な調査により、この貝塚は縄文時代中期（約四五〇〇年前）のもので、様々な食料残滓が極めて良好な状態で残っていることが分かった。

琵琶湖周辺の縄文人の主食は、木の実が約五割とコイ・フナ・セタシジミ等の魚介類が四割で、イノシシなどの獣の肉はわずかに一割で、肉食偏重ではないようである。現在の南湖の湖底から粟津湖底遺跡が出現したことから、縄文時代の琵琶湖の水位は今より三～四メートル程度低かったと推定された。

琵琶湖は、平成六年夏の大渇水で琵琶湖観測史上最低のマイナス一二三センチを記録した。この年は七月に入ってからほとんど降雨がなく、七月二日のマイナス二〇センチから九月一五日のマイナス一二三センチまで、七〇日間で約一メートル低下した。この結果、長浜の琵琶湖辺に豊臣秀吉が造営したと伝えられる井戸跡では「太閤井址」と彫られた石柱だけが水中から顔を出す通常の水位低下に比べて、この時は、台座や井戸を囲んだ岩もろとも完全に陸化した状態で露出した。この「太閤井址」の石碑は、昭和一四年渇水時のそれまでの最低水位マイナス一〇三センチを記録した時に設置されたものだ。

南湖の大津の坂本の周辺では、旧坂本城の石垣が露出し、多数の見学者が訪れ、一時的な観光名所となった。近江坂本城は、明智光秀が元亀二年（一五七一）に織田信長から近江志賀郡を与えられ築城したものだ。先の東日本大震災後、マグニチュード八を超える過去の巨大地震としての貞観《じょうがん》地震（貞観一一年、八六九年）がとりざたされている。琵琶湖周辺においてもマグニチュード七を超える大地震が文治《ぶんじ》元年（一一八五）、寛文二年（一六六二）、文政二年（一八一九）に発生し、中でも寛文二年の地震は著しい被害をもたらし、琵琶湖の湖岸地域も一部水没したとされる。平成六年の大渇水では、滋賀県高島の琵琶湖沖の湖底から、寛文二年の大地震で水没したと伝承される集落「三矢《みつや》千軒跡《せんげんあと》」の石列が出現し研究者らの注目を集めた。

平成四年一月三〇日、水公団は南湖の湖岸堤・管理用道路を供用開始し、約五〇・四キロの全線が開通となった。

魚安らかに　住み継ぐを願ふ

下流の大阪府・兵庫県と上流（水源地）の滋賀県の水利権をめぐる長年の対立は解決し、平成四年四月一日より琵琶湖から新規利水供給の開始（毎秒四〇立方メートル、「水出し」とも呼ばれる）が始まり、正式に安定的な水利権が付与されることになった。前日の三月三一日、

水利権許可書交付式（近畿地方建設局局長室にて、大槻均氏提供）

大阪の建設省近畿地方建設局（当時）では水利権許可書交付式が行われ、局長定道成美から大阪府や兵庫県などの担当者に許可書が手渡された。

琵琶湖総合開発事業を平成四年三月三一日で終結する際に、水公団担当の同開発事業も五年間延長するよう滋賀県から強力な要請があった。これに対し下流の大阪府や兵庫県は負担額増加をあげて反発を強めた。トップ会談などを通じて、新規事業は盛り込まず、滋賀県所管の河川改修、し尿処理施設、公共下水道などの残事業だけに限って五年延長されることになった。最後の水公団建設部長を務めた永末は語る。

「滋賀県は日本の中でも後進県だったが、琵琶湖総合開発によって上位に上がりたいとのことで、滋賀県が動き、下流自治体や国が支援した結果、県民所得が全国でも上位の県になるまでに至った。流域下水道処理システムが全県に普及して琵琶湖に汚水が流れ込まなくなった。時代とともに環境意識が高まり、最終的には琵琶湖総合開発事業費約一兆九〇〇〇億円のうち水質関係で下水道整備などに六〇〇〇億円を投じたのである」

びわ湖ホールのそばにある今上天皇御製の歌碑

平成五年五月、水公団が推進した琵琶湖開発事業が二つの課題（水資源開発と地域開発、自然的環境・景観保全）を達成したとして土木学会技術賞に輝いた。

今上天皇は、平成一九年（二〇〇七）一一月一一日に滋賀県立芸術劇場びわ湖ホールで開催された第二七回全国豊かな海づくり大会にご臨席され御挨拶をなされ和歌を詠われた。

古き湖《うみ》に　育まれきし　種々《くさぐさ》の
　魚安らかに　住み継ぐを願ふ

陛下は御挨拶の中で語られた。

「琵琶湖において、近年、集水域や湖畔での経済活動により水が汚染し、魚類の産卵繁殖場が減少するなど環境の悪化が進んできました。外来魚やカワウの異常繁殖などにより、琵琶湖の漁獲量は、大きく減ってきています。

外来魚の中のブルーギルは五〇年近く前、私が米国より持ち帰り、水産庁の研究所に寄贈したものであり、当初、食用魚としての期待が大きく、養殖が開始されましたが、今、このような結果になったことに心を痛めています」

我が歴史・文学そぞろ歩き～琵琶湖編～

上垣外憲一『雨森芳洲 元禄享保の国際人』

『雨森芳洲《あめのもりほうしゅう》 元禄享保の国際人』（上垣《かみがい》外《と》憲一著、中公新書）を再読した。日韓関係、日朝関係は今も昔も日本外交の最重要案件である。一衣帯水の地にあるだけに国益がからんで常に対立含みとなる。今から三五〇年前の江戸中期、江戸幕府と朝鮮李王朝の間に立って両国を対等と位置付け、良好な関係維持に大きく貢献した対馬藩重臣（外交官）、それが雨森芳洲である。

芳洲は寛文八年（一六六八）現在の滋賀県長浜市高月町に医師の子として生まれた。雨森氏は近江源氏の京極氏の被官（下級武士）で、雨森の地を得てそれを姓とし、琵琶湖北東部の伊香《いか》郡に中世から戦国時代に至るまで勢力があった。戦国時代に入って、この地の領主となる浅井氏の勢力下に組み入れられて、織田信長の浅井攻めを迎えた。芳洲の祖父の代であり、信長配下の豊臣秀吉の軍勢に滅ぼされ身を隠して町医者となった。雨森家は織田・豊臣・徳川の天下人を密かに憎んだ。

芳洲は江戸中期の朱子学者・知識人である。橘窓《きっそう》などと号する。江戸で当代随一の儒学者・将軍綱吉の侍講木下順庵の門に学び、師の推挙で対馬藩に仕えた。朝鮮語、中国語に通じ、対馬藩の主要政務である朝鮮（李王朝）との善隣外交に活躍した。正徳元年（一七一一）の朝鮮通信使の来日に際して、将軍徳川家宣《いえのぶ》の〈日本国王〉号に反対し、同門出の将軍家宣の側用人新井白石と鋭く対立した。生涯対馬藩にあって日朝外交に活躍した。朝鮮語教科書『交隣須知』や対朝鮮外交の概要を記した名著『交隣提醒』のほか『たはれ草』、『橘窓茶話《さわ》』などの著書がある。

芳洲は江戸で代表的儒学者荻生徂徠《おぎゅうそらい》に面会し互いに意気投合した。会談の後、徂徠は芳洲を「偉丈夫」と絶賛した。徂徠は儒学の学識に欠けることのない芳洲が中国語・朝鮮語の達人であることに驚いた。芳洲も徂徠の学才・見識を大いに高く評価した。

思想家芳洲を知るには『たはれ草』を読むとよい。明晰な雅文で記され、朝鮮、中国の言語・文化に深く分け入り、また外交官としての経験も人一倍積んだ彼の穏健で深みのある思想が盛られた英知の著である。「国が尊いか卑しいかは、立派な人物が多いか少ないか、国民の道徳の水準によって決まるもので、中国生まれだからといって誇る理由もないし、夷狄《いてき》（辺鄙《へんぴ》な国）に生まれたからといって恥ずべきことでもない」。

彼は朝鮮を対等と考えこそすれ見下すなどということはなかった。言語、民族文化には基本的な優劣はない、というのが芳洲の長い隣国との言語と文化の学習の末に到達した信念であった。芳洲は決して謹厳一方の儒者ではなかった。天理と人欲を対立的に見て、人間の欲情をなくすことが道徳である。彼の人間理解のひろやかさ、あたたかさが、彼の学問にはいつも底流している。晩年の心境を『橘窓茶話』で言う。「私は衣食住から名利に至るまで偏好というものがない。従って家の中はいたって平凡、無事であり、いかなる鬼神にも愧《は》じ恐れるということがない。ただ私にも四つの辛いことがある。一つには詩の下手なこと、二には碁に負けること、三つには身体の疼痛《とうつう》、四つには銭がないこと、これだけだ」。最晩年（八〇歳）、郷里を詠んだ和歌がある。

ささなみや　志賀の浦半の　水きよみ
　影もうつろふ　一本の松
やつれても　一本松の　常盤にて
　今もかはらぬ　志賀のふる里

（水清い琵琶湖のほとりの懐かしいふるさと。そのふるさとのあの松は、いまも変わらず緑に立っていることだろう。自分はもう老いさらばえたけれども、心はいつまでも、とわに緑でありたいものだ）。宝暦五年（一七五五）早春、芳洲は一度も郷里の琵琶湖畔に帰ることなく対馬日吉の別荘において八八歳の生涯を閉じた。

雨森芳洲像（東アジア交流ハウス雨森芳洲庵蔵、長浜市）

年表　琵琶湖・淀川水系をめぐる保全・治水・利水事業

西暦	元号	日本・滋賀県の主な出来事	琵琶湖の保全・治水・利水に関わる出来事
一六六六	寛文六	幕府が諸国山川掟発布	
一六七〇	寛文一〇		最初の瀬田川浚渫が全額幕府負担で始まる
一六八三	天和三	幕府が淀川治水策をまとめ、淀川水系の改修工事始まる	幕府の命を受けた河村瑞賢による瀬田川浚渫
一七八五	天明五		藤本太郎兵衛による瀬田川浚渫願い始まる
一八三一	天保二		沿湖各村の自普請による一三〇年ぶりの瀬田川浚渫
一八六八	明治元	淀川改修のため治河使を設置	五月　滋賀県下大洪水。大津県による瀬田川浚渫
一八七二	明治五	土木技師ファン・ドールン来日	
一八七三	明治六	淀川水源砂防法八カ条制定 ヨハネス・デ・レーケ来日	
一八八九	明治二二		田上山に鎧堰堤（デ・レーケに指導を受けた田邊義三郎が設計した砂防ダム）完成
一八九〇	明治二三		琵琶湖第一疏水、インクライン完成
一八九六	明治二九	四月　旧河川法公布	九月　滋賀県下大洪水（プラス三・七六メートル）
一八九七	明治三〇	三月　森林法・砂防法成立（河川法とあわせ「治水三法」）	七月　琵琶湖治水会設立

一九〇五	明治三八	日露戦争終わる	南郷洗堰完成（明治二九～四三年の淀川改良工事の一環）
一九三三	昭和八	アメリカでTVA法が成立	
一九三五	昭和一〇		四月　琵琶湖対策審議会規則制定（琵琶湖の利用方法を審議）
一九四〇	昭和一五		淀川河水統制計画発表
一九四三	昭和一八		洪水調整と下流の水需要に対応するための琵琶湖・淀川水系の第一期河水統制事業着工
一九五〇	昭和二五	五月　国土総合開発法公布	
一九五二	昭和二七	電源開発促進法公布	三月　琵琶湖・淀川水系の第一期河水統制事業完了
一九五三	昭和二八		台風一三号により琵琶湖・淀川水系で田畑水没等の被害
一九五六	昭和三一		四月　琵琶湖総合開発協議会が発足
一九五七	昭和三二	特定多目的ダム法公布	
一九五八	昭和三三		七月　滋賀県が琵琶湖総合開発に消極姿勢を表明 一一月　新知事就任で転換
一九六〇	昭和三五		九月　琵琶湖総合開発協議会が、「南北締切堤案」を発表（北湖マイナス三・〇メートル、南湖プラス・マイナス・ゼロメートル利用、新規開発量毎秒四四・七立方メートル） 九月　琵琶湖周辺整備構想を国が説明、上下流自治体が賛意 締切堤構想案に、滋賀県知事は当分概ね賛意を示すも、地元の態度は批判的、琵琶湖を二分するという論拠

一九六一	昭和三六	一一月　水資源開発促進法及び水資源開発公団法制定	三月　瀬田川洗堰竣工（疎通能力毎秒〇～六〇〇立方メートル） 四月　河川総合開発調査開始
一九六二	昭和三七	四月　淀川水系が水資源開発水系に指定される 五月　水資源開発公団発足	四月　琵琶湖生態系への影響を懸念し、琵琶湖生物資源調査団結成（当初五年計画→三年で中間報告） 六月　農林省が「ドーナツ案」を発表
一九六三	昭和三八	名神高速道路（尼崎―栗東間）開通	二月　自民党県連が「パイプ送水案」を発表
一九六四	昭和三九	七月　新河川法公布（河川管理が従来の区間主義から水系主義へ） 一一月　淀川水系の多目的ダム第一号・天ヶ瀬ダム（宇治市）完成	九月　琵琶湖大橋開通
一九六五	昭和四〇	三月　新河川法に基づき淀川が一級水系に指定	一一月　建設省が「湖中堤（湖中ダム）案」を滋賀県に提案（北湖マイナス三・〇メートル、南湖マイナス一・四メートル、湖周道路二車線と湖岸クリーク設置）
一九六六	昭和四一		二月　琵琶湖生物資源調査団が中間発表（湖中ダム建設は琵琶湖の生物に重大な影響を与える） 野崎知事が湖中ダム案への反対を表明
一九六七	昭和四二	一〇月　大中の湖干拓事業完成	五月　琵琶湖生物資源調査団が調査結果を発表 九月　滋賀県が琵琶湖総合開発基本構想を発表

一九六八	昭和四三		七月　建設省が「湖中ダム案」を撤回、全湖利用案へ 八月　滋賀県が基本的態度（一次案）を発表：湖水の変動に伴う新しい地域社会の建設（河川改修、砂防、多目的ダム、治山造林、水産、観光、県内利水、防火用水、し尿処理、下水道、港湾、湖周道路など）
一九六九	昭和四四		九月　建設省が基幹事業を発表（事業費五六〇億円）。湖岸堤（湖周道路と兼用）計画。利用水深マイナス二・〇メートル、開発水量平均毎秒三〇立方メートル（滋賀県は開発水量に不満）
一九七〇	昭和四五	一二月　水質汚濁防止法公布	一月　滋賀県企画部内に琵琶湖総合開発局を設置 一二月　自由民主党琵琶湖総合開発小委員会が「琵琶湖総合開発に関する基本的な考え方」を発表：琵琶湖の自然環境保全を基調
一九七一	昭和四六		二月　滋賀県が琵総計画の基本方針案を発表：琵琶湖の保全計画を第一の柱とし、琵琶湖の水質保全を第一とするなど、自然環境の保全を図るように要望 　これに応えるべく近畿圏整備本部が計画を見直した「琵琶湖総合開発の基本方針（案）」を作成し、本格的な調整活動に入る。全体計画は保全計画を第一とし、治水計画、利水計画の三本柱 一一月　建設省が基幹事業改定案を発表（事業費七二〇〇億円）。利用水深マイナス二・〇メートル、開発水量毎秒四〇立方メートル（滋賀県は利用水深マイナス一・五〇メートルまで、開発水量毎秒三〇立方メートル）

一九七二	昭和四七	この年、田中角栄首相の『日本列島改造論』がベストセラーに	三月　建設大臣と三府県知事による第一回・第二回トップ会談（開発水量は水利権水量毎秒四〇立方メートル、利用水深マイナス一・五〇メートル、非常渇水時は建設大臣が決定する） 四月　琵琶湖総合開発特別措置法案の国会審議始まる 六月　琵琶湖総合開発特別措置法公布 九月　淀川水系水資源開発基本計画の全部変更 一〇月　琵琶湖総合開発計画案を提出 一二月　琵琶湖開発事業の実施方針を建設大臣が水資源開発公団へ指示（補償対策はマイナス二・〇メートル）
一九七三	昭和四八		三月　建設省から水資源開発公団へ琵琶湖開発事業継承 四月　矢橋人工島（湖南中部流域下水道浄化センター予定地）造成着工 一〇月　県漁連と水公団による漁業損失補償第一回交渉（以後三一回）
一九七四	昭和四九	六月　国土庁発足	琵琶湖問題研究機構（ＬＢＩ）設置
一九七五	昭和五〇		三月　県漁連と水公団協定調印（漁業損失補償交渉妥結） 一二月　湖岸堤・管理用道路工事に初めて着工（姉川・安曇川地区）
一九七六	昭和五一	七月　滋賀県の人口が一〇〇万人を突破	三月　びわ湖訴訟（琵琶湖総合開発計画工事差止請求訴訟）が大津地裁に提訴。湖岸堤その他の工事差し止めを請求 四月　公団がヨシ人工植栽の研究を始める 八月　公団が南湖浚渫環境調査委員会を設置。琵琶湖総合開発計画改定基本構想を発表

一九七七	昭和五二		五月　琵琶湖に初めて赤潮が発生
一九七八	昭和五三		一一月　南湖浚渫、南湖湖岸堤法線の変更を滋賀県と協議開始
一九七九	昭和五四	六月　野洲川の新川（放水路）通水開始	
一九八〇	昭和五五	四月　北陸自動車道（米原―敦賀間）開通	七月　琵琶湖富栄養化防止条例施行 九月　びわ町、近江八幡市で湖岸堤・管理用道路の供用開始 一一月　南湖湖岸堤・管理用道路の公団案を発表 一二月　滋賀県知事が南湖湖岸堤のルート見直し案を発表（公団案を了承）
一九八一	昭和五六		三月　滋賀県知事は県議会で南湖湖岸堤・管理用道路法線は白紙の状態と答弁 四月　滋賀県が南湖湖岸堤・管理用道路について専門学者八名の意見を聴取（批判相次ぐ） 一二月　滋賀県が湖岸堤変更案：当初案（赤野井港を内湖化し、温水性魚類の種苗対策、淡水真珠対策を重視したルートで、大湖中堤）、公団修正案（埋立面積を減らしヨシ帯を残すことを重視したルートで、小湖中堤）、滋賀県案（残存水面の水質悪化を懸念し、残存水面を残さないことを重視したルートで、埋立面積最小堤） この年、安曇川・姉川の仔アユ生産用人工河川が本格運用開始

一九八二	昭和五七	一二月　大津市に滋賀県琵琶湖研究所が完成	三月　滋賀県が南湖湖岸堤ルートは滋賀県案で施工することを要請、公団も受け入れる 三月　琵琶湖総合開発特別措置法を一〇年間延長するための一部改正法成立 四月　湖南中部流域下水道の運転始まる
一九八三	昭和五八		九月　琵琶湖に初めてアオコが発生
一九八四	昭和五九		八月　大津で第一回世界湖沼環境会議開催
一九八六	昭和六一		二月　国際湖沼環境委員会（ＩＬＥＣ）創立
一九八八	昭和六三		水公団が琵琶湖の南湖湖岸にヨシの人工植栽を実施（平成四年まで）。草津地区では、植付延長一一六〇メートル、植付面積一万一一五〇平方メートル、植生面積二万七三五〇平方メートル。琵琶湖全体では延長二九七五メートル、植付面積二万九三〇〇平方メートル、植生面積四万八二五〇平方メートル
一九八九	平成元		三月　びわ湖訴訟の地裁判決、原告の差止め請求を却下（被告側全面勝訴）
一九九二	平成四		一月　南湖の湖岸堤・管理用道路を供用開始（全線開通） 四月　琵琶湖から新規利水供給の開始（毎秒四〇立方メートル）。琵琶湖開発事業が管理へ移行（琵琶湖代表水位が、鳥居川水位標から五地点観測所の平均水位となる）
一九九七	平成九		三月　琵琶湖総合開発事業終了（実施総事業費約一兆九〇五五億円）

（『淡海よ永遠に　琵琶湖総合開発事業誌』、『琵琶湖総合開発事業二五年のあゆみ』などをもとに作成）

あとがき

琵琶湖総合開発事業は、日本最大の湖水・琵琶湖を舞台にした地元滋賀県と近畿地方の中核である淀川水系自治体（京阪神地域）による、いわば「総合芸術作品」であると言えよう。治水・地域活性化を願う水源地滋賀県と水道・工業用水を求める（利水を求める）下流・京阪神地域との妥協の線を追求した戦前からの一大課題に挑戦した「世紀の大事業」である。大河川における上下流の対立は古くて新しい問題ではあるが、開発を前面に掲げた当初の目標が時代の大きな要請を受けて、水質はもとより水辺の環境や景観さらには水中考古学にも配慮した大プロジェクトに変化したことは注目すべきことであろう。湖面に新たな光を求めながら湖水の命を守る事業であった。

二五年間に二兆円近い巨費を投じて展開された、近畿地方では二〇世紀最大の国家的大事業は当然のことながらジャーナリズムにも大きく取り上げられた。この「総合芸術作品」

が、今日から見て完成された大作か未完のままなのかどうかは議論の分かれるところだろうが、私は苦難の末に一応完成された大作ととらえる。上下流の感情的対立や漁業補償も含めて、治水・利水・水質環境保全といった当初の課題は大方解決されたと考える。本書を刊行する目的は、その戦前からの経緯や事業の評価も含めて全体像を描くことにあった。描き切れているかどうかは、私には判断できない。

本書は月刊誌『水とともに』(独)水資源機構刊行)に一一回にわたって連載した拙文に若干の加筆をしたものである。連載を前に琵琶湖周辺などで現地取材を続けたが、その間多くの関係者や組織・団体のご協力をいただいた。感謝すべき方々や組織・団体は限りない。一部を記すことをお許し願いたい。

まず感謝すべき方々である(肩書は省略)。高橋裕氏、伊集院敏氏、青山俊樹氏、永末博幸氏、酒井研一氏、清水昭邦氏、大槻均氏、石田弘子様、北川啓一氏、柴谷喜久男氏、森下郁子様、三輪二良氏、藤井絢子様、伊藤潔氏、今井範雄氏、中村武氏、原稔明氏、名波義昭氏、木瀬龍也氏、佐々木弘二氏、石河康久氏、布施明宏氏、中村友紀様、児嶋賀正氏、吉良充氏(順不同)。失念した方がおられるかもしれない。お許し願いたい。

次に組織や団体である。

(独)水資源機構本社、同関西支社、同琵琶湖開発総合管理所、国土交通省河川局、同近畿地方整備局河川部、同琵琶湖河川事務所、滋賀県琵琶湖環境部、同県立図書館、大阪府、同府立図書館、京都市、同市立図書館、国立国会図書館、筑波大学附属図書館、滋賀大学附属図書館。

また、「我が歴史・文学そぞろ歩き～琵琶湖編～」のために、滋賀県（近江）が舞台として登場する作品の転載を快くご承諾いただいた作家諸氏や関係協会などに厚く御礼申し上げる。

滋賀県彦根市にあるサンライズ出版の岸田幸治氏には拙書の刊行に快諾をいただき、編集に御尽力いただいた。あらためて感謝したい。参考文献は膨大な量になるため割愛したが、主要文献は各章ごとに本文中に書き込んだ。

平成二五年（二〇一三）盛夏

高崎哲郎

藪添《やぶぞい》に雀が粟《あわ》を蒔《まき》にけり　小林一茶

初出
連載「湖面の光　湖水の命〈物語〉世紀の水の大事業～琵琶湖総合開発～」
『水とともに』二〇一二年五月号～二〇一三年三月号
独立行政法人 水資源機構

■著者略歴

高崎　哲郎（たかさき・てつろう）

1948年　栃木県生まれ。

ＮＨＫ記者、帝京大学教授、東工大・東北大・長岡技術科学大、法政大などの非常勤講師を歴任。

作家・土木史研究家。

主な著書

『評伝　技師青山士《あきら》の生涯』（講談社）、『山原《やんばる》の大地に刻まれた決意』（ダイヤモンド社）、『評伝　山に向かいて目を挙《あ》ぐ―工学博士・廣井勇の生涯』（鹿島出版会）、『評伝　お雇いアメリカ人青年教師―ウィリアム・ホィーラー』（同前）、『評伝　大鳥圭介―威ありて　猛からず』（同前）、『評伝　技師青山士　その精神の軌跡―万象ニ天意ヲ覚ル者ハ……』（同前）、『水の匠、水の司“紀州流”治水・利水の祖―井澤弥惣兵衛』（同前）、『水の思想　土の理想　世紀の大事業・愛知用水』（同前）など多数、著書の英訳本が３冊ある。

湖面の光 湖水の命

〈物語〉琵琶湖総合開発事業

淡海《おうみ》文庫51

2013年７月１日　第１刷発行

N.D.C.601

著　者　高崎　哲郎

発行者　岩根　順子

発行所　サンライズ出版株式会社

〒522-0004 滋賀県彦根市鳥居本町655-1

電話 0749-22-0627

印刷・製本　シナノパブリッシングプレス

ISBN978-4-88325-174-2　Printed in Japan　定価はカバーに表示しています。

乱丁・落丁本はお取り替えいたします。

淡海文庫について

「近江」とは大和の都に近い大きな淡水の海という意味の「近（ちかつ）淡海」から転化したもので、その名称は「古事記」にみられます。今、私たちの住むこの土地の文化を語るとき、「近江」でなく、「淡海」の文化を考えようとする機運があります。

これは、まさに滋賀の熱きメッセージを自分の言葉で語りかけようとするものであると思います。

豊かな自然の中での生活、先人たちが築いてきた質の高い伝統や文化を、今の時代に生きるわたしたちの言葉で語り、新しい価値を生み出し、次の世代へ引き継いでいくことを目指し、感動を形に、そして、さらに新たな感動を創りだしていくことを目的として「淡海文庫」の刊行を企画しました。

自然の恵みに感謝し、築き上げられてきた歴史や伝統文化をみつめつつ、今日の湖国を考え、新しい明日の文化を創るための展開が生まれることを願って一冊一冊を丹念に編んでいきたいと思います。

一九九四年四月一日